北京课工场教育科技有限公司 出品

新技术技能人才培养系列教程
大数据开发实战系列

Spring Cloud 微服务

分布式架构开发实战

肖睿 陈昊 王社／主编
胡艳蓉 邓小飞／副主编

人民邮电出版社
北京

图书在版编目（CIP）数据

Spring Cloud 微服务分布式架构开发实战 / 肖睿，陈昊，王社主编. -- 北京：人民邮电出版社，2019.1（2023.7重印）
新技术技能人才培养系列教程
ISBN 978-7-115-50000-7

Ⅰ．①S… Ⅱ．①肖… ②陈… ③王… Ⅲ．①互联网络—网络服务器—教材 Ⅳ．①TP368.5

中国版本图书馆CIP数据核字(2018)第248222号

内 容 提 要

本书围绕票务网站大觅网项目的业务场景，对当下流行的 Spring Cloud 微服务架构进行实战式讲解。

全书共 8 章。主要内容包括微服务架构与项目设计、Spring Cloud 初体验、虚拟化技术 Docker+Jenkins、分布式日志处理、分布式业务实现、分布式部署实现、分布式数据存储和集成测试。

本书内容紧密结合实际应用，融入大量案例进行说明和实践，使用 Spring Cloud 微服务架构相关技术进行分布式开发，并配以完善的学习资源和支持服务，包括参考教案、案例素材、学习交流社区等，力求为读者提供全方位的学习体验。

◆ 主　　编　肖睿　陈昊　王社
　副 主 编　胡艳蓉　邓小飞
　责任编辑　祝智敏
　责任印制　马振武

◆ 人民邮电出版社出版发行　北京市丰台区成寿路11号
　邮编 100164　电子邮件 315@ptpress.com.cn
　网址 http://www.ptpress.com.cn
　固安县铭成印刷有限公司印刷

◆ 开本：787×1092　1/16
　印张：13　　　　　2019年1月第1版
　字数：278千字　　2023年7月河北第7次印刷

定价：39.80 元

读者服务热线：(010)81055256　印装质量热线：(010)81055316
反盗版热线：(010)81055315

广告经营许可证：京东市监广登字20170147号

大数据开发实战系列

编委会

主　　任：肖　睿

副 主 任：潘贞玉　　韩　露

委　　员：李　娜　　孙　苹　　张惠军　　杨　欢
　　　　　庞国广　　王丙晨　　刘晶晶　　曹紫涵
　　　　　尚泽中　　杜静华　　董　海　　孙正哲
　　　　　周　嵘　　刘　洋　　刘　尧　　崔建瑞
　　　　　饶毅彬　　冯光明　　彭祥海　　冯娜娜
　　　　　卢　珊　　王嘉桐　　吉志星

序　　言

丛书设计

准备好了吗？进入大数据时代！大数据已经并将继续影响人类生产生活的方方面面。2015 年 8 月 31 日，国务院正式下发《关于印发促进大数据发展行动纲要的通知》。企业资本则以 BAT 互联网公司为首，不断进行大数据创新，实现大数据的商业价值。本丛书根据企业人才的实际需求，参考以往学习难度曲线，选取"Java+大数据"技术集作为学习路径，首先从 Java 语言入手，深入学习理解面向对象的编程思想、Java 高级特性以及数据库技术，并熟练掌握企业级应用框架——SSM、SSH，熟悉大型 Web 应用的开发，积累企业实战经验，通过实战项目对大型分布式应用有所了解和认知，为"大数据核心技术系列"的学习打下坚实基础。本丛书旨在为读者提供一站式实战型大数据应用开发学习指导，帮助读者踏上由开发入门到大数据实战的"互联网+大数据"开发之旅！

丛书特点

1. 以企业需求为设计导向

满足企业对人才的技能需求是本丛书的核心设计原则，为此课工场大数据开发教研团队，通过对数百位 BAT 一线技术专家进行访谈、上千家企业人力资源情况进行调研、上万个企业招聘岗位进行需求分析，从而实现对技术的准确定位，达到课程与企业需求的强契合度。

2. 以任务驱动为讲解方式

丛书中的技能点和知识点都由任务驱动，读者在学习知识时不仅可以知其然，而且可以知其所以然，帮助读者融会贯通、举一反三。

3. 以实战项目来提升技术

每本书均增设项目实战环节，以综合运用每本书的知识点，帮助读者提升项目开发能力。每个实战项目都有相应的项目思路指导、重难点讲解、实现步骤总结和知识点梳理。

4. 以"互联网+"实现终身学习

本丛书可配合使用课工场 APP 进行二维码扫描，观看配套视频的理论讲解和案例操作。同时课工场开辟教材配套版块，提供案例代码及作业素材下载。此外，课工场也为读者提供了体系化的学习路径、丰富的在线学习资源以及活跃的学习社区，欢迎广大读者进入学习。

读者对象

1. 大中专院校学生
2. 编程爱好者
3. 初中级程序开发人员
4. 相关培训机构的老师和学员

致谢

　　本丛书由课工场大数据开发教研团队编写。课工场是北京大学旗下专注于互联网人才培养的高端教育品牌。作为国内互联网人才教育生态系统的构建者，课工场依托北京大学优质的教育资源，重构职业教育生态体系，以学员为本，以企业为基，构建"教学大咖、技术大咖、行业大咖"三咖一体的教学矩阵，为学员提供高端、实用的学习内容！

读者服务

　　读者在学习过程中如遇疑难问题，可以访问课工场官方网站，也可以发送邮件到 ke@kgc.cn，我们的客服专员将竭诚为您服务。

　　感谢您阅读本丛书，希望本丛书能成为您踏上大数据开发之旅的好伙伴！

"大数据开发实战系列"丛书编委会

前 言

在这个万物互联的时代,越来越多的人和物成为互联网上的节点,不断扩充着互联网这张大网的边界。节点即价值,更多的节点意味着更大的价值。如何去承载更多的节点成为 IT 从业人士必须要解决的问题。本书重点介绍基于 Spring Cloud 的分布式应用开发。全书以票务网站大觅网项目的应用场景为例,通过解决方案形式的内容安排引领读者学习分布式架构开发。各章具体内容安排如下。

第 1 章:微服务架构与项目设计。详细分析大觅网的业务场景并讲解微服务架构相关内容。主要内容包括如何依据微服务架构的设计原则设计大觅网项目的业务架构、应用架构、技术架构、部署架构以及数据库架构,在介绍微服务架构时,提出 Spring Cloud 解决方案。

第 2 章:Spring Cloud 初体验。详细讲解 Spring Cloud 微服务架构。首先介绍 Spring Cloud 框架的概念、和 Spring Boot 框架的关系以及 Spring Cloud 的体系架构,接下来介绍 Spring Cloud 的三个重要组件的使用,分别为使用 Eureka 实现注册中心及注册服务、使用 Feign 实现声明式 REST 调用、使用 Hystrix 实现微服务的容错处理,最后介绍如何基于微服务原则对大觅网进行架构搭建。

第 3 章:虚拟化技术 Docker+Jenkins。详细讲解分布式开发中经常应用的虚拟化 Docker 技术和实现自动发布的 Jenkins 技术。首先介绍 Docker 的基础概念、实现原理、操作命令,接下来介绍如何基于 Docker 技术实现大觅网开发和测试环境的快速搭建,最后基于 Docker Compose+Jenkins+Git 讲解如何实现大觅网项目在开发、测试、线上环境中的自动发布。

第 4 章:分布式日志处理。主要讲解如何在分布式项目中跟踪子项目间的请求、如何收集各子项目的日志。首先介绍如何使用 Spring Cloud 组件 Sleuth 实现微服务跟踪,接下来介绍如何使用 ELK+Kafka 实现微服务系统的日志收集。

第 5 章:分布式业务实现。主要讲解分布式开发下两个常见问题的解决方案,即分布式事务问题和分布式线程安全问题。以企业中常用的消息中间件 RabbitMQ 为例讲解如何使用消息中间件 RabbitMQ 实现分布式事务,以及如何使用 Redis-setnx 实现分布式系统下的线程同步。

第 6 章:分布式部署实现。主要讲解 Spring Cloud 架构的微服务项目如何部署,包括使用 Spring Cloud Ribbon 实现服务负载均衡、使用 Spring Cloud Zuul 实现服务统一网关、使用 Spring Cloud Config 实现分布式统一配置。

第 7 章:分布式数据存储。主要讲解如何使用分布式搜索引擎 Elasticsearch 实现商品全文检索。首先介绍 Elasticsearch 的相关概念、运行原理、语法,以及如何在大觅网中进行 Elasticsearch 的集成,接下来介绍 Mycat 的概念、语法,以及使用 Mycat

实现大觅网订单库的水平分库。

第 8 章：集成测试。主要介绍如何对已开发完毕的分布式项目进行系统性的测试，包括如何使用 JMeter 进行压力测试以及如何使用 Sonar 进行代码规范测试。

除了以上有关 Spring Cloud 微服务架构解决方案的内容外，本书还涵盖了敏捷项目管理框架 Scrum、分布式版本管理 Git、代码检测工具 Sonar 等相关内容。

本书由课工场大数据开发教研团队组织编写，参与编写的还有陈昊、王社、胡艳蓉、邓小飞、黄兴等院校老师。由于时间仓促、书中不足或疏漏之处在所难免，殷切希望广大读者批评指正。

智慧教材使用方法

扫一扫查看视频介绍

由课工场"大数据、云计算、全栈开发、互联网 UI 设计、互联网营销"等教研团队编写的系列教材，配合课工场 App 及在线平台的技术内容更新快、教学内容丰富、教学服务反馈及时等特点，结合二维码、在线社区、教材平台等多种信息化资源获取方式，形成独特的"互联网+"形态——智慧教材。

智慧教材为读者提供专业的学习路径规划和引导，读者还可体验在线视频学习指导，按如下步骤操作可以获取案例代码、作业素材及答案、项目源码、技术文档等教材配套资源。

1. 下载并安装课工场 App。

（1）方式一：访问网址 www.ekgc.cn/app，根据手机系统选择对应课工场 App 安装，如图 1 所示。

图1　课工场App

（2）方式二：在手机应用商店中搜索"课工场"，下载并安装对应 App，如图 2、图 3 所示。

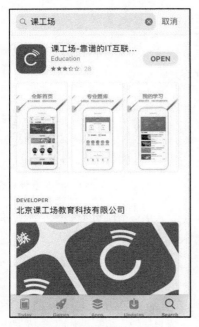

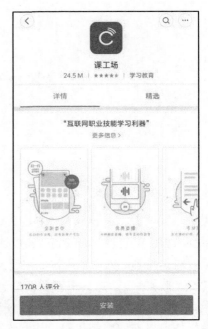

图2　iPhone版手机应用下载　　　　图3　Android版手机应用下载

2. 登录课工场 App，注册个人账号，使用课工场 App 扫描书中二维码，获取教材配套资源，依照如图 4 至图 6 所示的步骤操作即可。

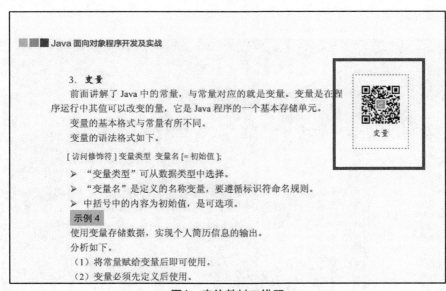

图4　定位教材二维码

图5　使用课工场App"扫一扫"扫描二维码　　图6　使用课工场App免费观看教材配套视频

3．获取专属的定制化扩展资源。

（1）普通读者请访问 http://www.ekgc.cn/bbs 的"教材专区"版块，获取教材所需开发工具、教材中示例素材及代码、上机练习素材及源码、作业素材及参考答案、项目素材及参考答案等资源（注：图7所示网站会根据需求有所改版，下图仅供参考）。

图7　从社区获取教材资源

（2）高校老师请添加高校服务 QQ 群：1934786863（如图 8 所示），获取教材所需开发工具、教材中示例素材及代码、上机练习素材及源码、作业素材及参考答案、项目素材及参考答案、教材配套及扩展PPT、PPT配套素材及代码、教材配套线上视频等资源。

图8　高校服务QQ群

目　　录

第1章　微服务架构与项目设计 ··· 1
任务1　了解大觅网业务场景 ··· 2
任务2　了解微服务架构 ··· 7
1.2.1　软件架构分类 ··· 7
1.2.2　微服务架构概念 ··· 10
任务3　了解大觅网架构设计 ··· 12
任务4　了解大觅网项目管理设计 ··· 15
1.4.1　代码版本管理设计 ··· 15
1.4.2　代码规范管理设计 ··· 18
1.4.3　团队协作管理设计 ··· 20

第2章　Spring Cloud 初体验 ··· 23
任务1　了解 Spring Cloud ··· 24
2.1.1　Spring Cloud 简介 ··· 24
2.1.2　Spring Cloud 和 Spring Boot ·· 24
2.1.3　Spring Cloud 体系介绍 ··· 25
任务2　使用 Eureka 实现注册中心及注册服务 ································· 26
2.2.1　Eureka 简介 ··· 26
2.2.2　编写 Eureka Server ··· 26
2.2.3　注册微服务到 Eureka Server ·· 28
2.2.4　为 Eureka Server 添加用户认证 ··· 30
任务3　使用 Feign 实现声明式 REST 调用 ······································· 32
2.3.1　微服务间接口调用 ··· 32
2.3.2　接口调用参数 ··· 34
任务4　使用 Hystrix 实现微服务的容错处理 ····································· 38
2.4.1　容错 ··· 38
2.4.2　使用 Hystrix 处理容错 ··· 39
2.4.3　容错可视化监控 ··· 40

第3章　虚拟化技术 Docker+Jenkins ··· 49
任务1　安装 Docker ·· 50
3.1.1　Docker 和虚拟机 ·· 50
3.1.2　Docker 相关概念 ·· 51
3.1.3　Docker 运行原理 ·· 52

3.1.4　在 Ubuntu 环境中安装 Docker 53
  任务 2　使用 Docker 命令管理 Docker 53
   3.2.1　Docker 镜像操作命令 53
   3.2.2　Docker 容器操作命令 55
  任务 3　使用 docker-compose 管理 Docker 57
   3.3.1　docker-compose 介绍 57
   3.3.2　docker-compose.yml 常用命令 58
   3.3.3　docker-compose 常用命令 59
  任务 4　使用 Docker+Jenkins 实现 CI 60
   3.4.1　Jenkins 介绍 60
   3.4.2　Jenkins 的安装 60
   3.4.3　Jenkins 的配置 62
   3.4.4　使用 Jenkins 配置普通任务 66
   3.4.5　使用 Jenkins Pipeline 配置流水线任务 70

第 4 章　分布式日志处理 73

  任务 1　了解分布式架构下系统的监控问题 74
   4.1.1　接口监控问题 74
   4.1.2　日志监控问题 74
  任务 2　使用 Sleuth 实现微服务跟踪 74
   4.2.1　微服务项目整合 Spring Cloud Sleuth 75
   4.2.2　Spring Cloud Sleuth 整合 Zipkin 76
  任务 3　搭建 ELK+Kafka 环境 82
   4.3.1　Elasticsearch 介绍及环境搭建 83
   4.3.2　Kibana 介绍及环境搭建 86
   4.3.3　Logstash 介绍及环境搭建 87
   4.3.4　Kafka 介绍及环境搭建 88
  任务 4　使用 ELK+Kafka 实现日志收集 89
   4.4.1　发送日志信息到 Kafka 89
   4.4.2　在 Logstash 中定义收集规则 91
   4.4.3　在 Kibana 中定义规则查询日志 92

第 5 章　分布式业务实现 97

  任务 1　使用 RabbitMQ 实现分布式事务 98
   5.1.1　分布式事务简介 98
   5.1.2　消息中间件简介 99
   5.1.3　RabbitMQ 的安装与配置 101
   5.1.4　使用 RabbitMQ 实现分布式事务 108
  任务 2　使用 Redis-setnx 实现分布式锁 114

第 6 章　分布式部署实现 ·· 119

任务 1　使用 Spring Cloud Ribbon 实现大觅网服务负载均衡 ················· 120
6.1.1　Ribbon 简介 ·· 120
6.1.2　服务消费者整合 Ribbon ··· 120
6.1.3　负载均衡策略 ··· 122
6.1.4　通过配置方式更改负载均衡策略 ·· 122

任务 2　使用 Spring Cloud Zuul 实现大觅网微服务统一网关 ················· 123
6.2.1　微服务网关介绍 ·· 123
6.2.2　搭建 Zuul 微服务网关 ··· 124
6.2.3　使用过滤器过滤请求 ·· 126

任务 3　使用 Spring Cloud Config 实现大觅网分布式配置 ····················· 128
6.3.1　编写 Config Server ·· 129
6.3.2　编写 Config Client ·· 131
6.3.3　加密解密 ··· 132
6.3.4　刷新配置 ··· 136
6.3.5　用户认证 ··· 138

第 7 章　分布式数据存储 ·· 141

任务 1　使用 Elasticsearch 实现商品全文检索 ···································· 142
7.1.1　Elasticsearch 基础概念 ··· 143
7.1.2　Elasticsearch 语法 ··· 144
7.1.3　编写 Elasticsearch Java 客户端 ·· 156

任务 2　使用 Mycat 实现水平分库 ·· 159
7.2.1　Mycat 简介 ·· 160
7.2.2　Mycat 安装及配置 ·· 161
7.2.3　实现大觅网水平分库 ··· 164

第 8 章　集成测试 ··· 169

任务 1　使用 Sonar 对大觅网代码进行规范测试 ································· 170
8.1.1　配合 Jenkins 自动检测代码 ·· 170
8.1.2　Sonar 规则配置 ·· 176

任务 2　使用 JMeter 进行大觅网压力测试 ··· 177
8.2.1　了解压力测试相关概念 ·· 177
8.2.2　使用 JMeter 进行大觅网接口测试 ·· 179
8.2.3　JMeter 报告分析 ··· 186

任务 3　使用 Issue 进行大觅网前后端联调任务管理 ···························· 190
8.3.1　Issue 简介 ··· 190
8.3.2　使用 Issue 进行 Bug 管理 ·· 190

第 1 章

微服务架构与项目设计

技能目标

- ❖ 了解大觅网业务场景
- ❖ 掌握微服务架构相关概念
- ❖ 掌握微服务架构设计理念
- ❖ 了解大觅网架构设计
- ❖ 了解大觅网项目管理设计

本章任务

学习本章内容，需要完成以下 4 个工作任务。记录学习过程中遇到的问题，可以通过自己的努力或访问 ekgc.cn 解决。

任务1：了解大觅网业务场景
任务2：了解微服务架构
任务3：了解大觅网架构设计
任务4：了解大觅网项目管理设计

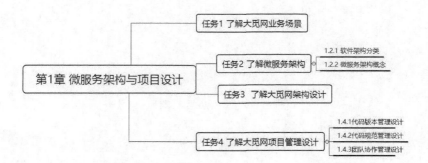

任务 1 了解大觅网业务场景

大觅网为大型票务类电商网站，为用户提供各类演出的购票、选座服务。本书以大觅网项目贯穿，对微服务架构相关技术进行讲解。大觅网主要包括如下功能。

➤ 商品展示：用户通过大觅网官网，可以进行相关演出商品的查看，如图1.1所示。

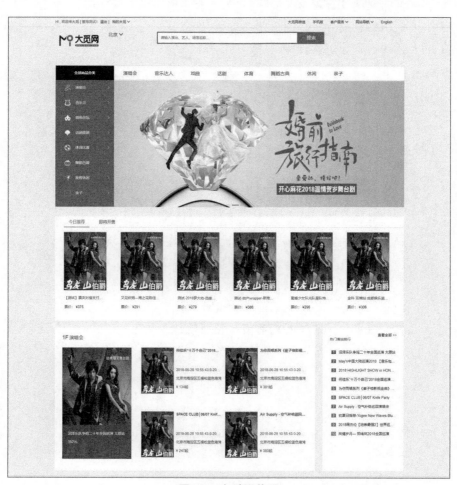

图1.1 大觅网首页

➢ 商品搜索：用户可以根据关键词、城市、商品分类、演出开始时间等条件进行搜索，商品搜索界面如图1.2所示。

图1.2　商品搜索界面

➢ 用户注册登录：用户可以使用邮箱进行注册，并可以通过邮箱和密码进行登录。除此之外，大觅网还提供第三方登录（微信登录）功能，如图1.3所示。

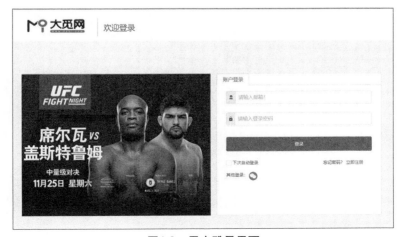

图1.3　用户登录界面

➢ 商品详情：用户可以查看演出的详细信息，并决定是否购买，如图1.4所示。

图1.4　商品详情页

➢ 选座：决定购买商品后，用户可以在指定排期中选择座位，如图1.5所示。

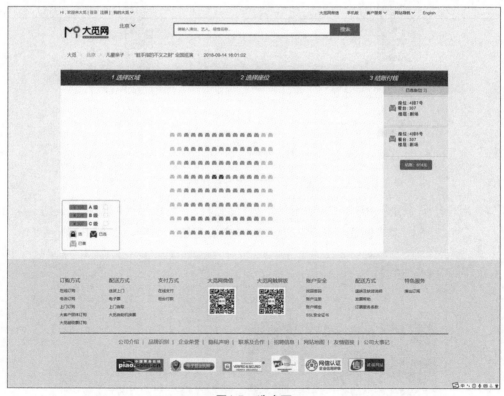

图1.5　选座页

选座成功后，用户可以继续下单。下单成功后，用户可以对订单进行支付。系统提供了支付宝和微信两种支付方式，如图1.6所示。

图1.6 支付页

依据以上的业务分析，可以总结出大觅网的系统主业务流程如图 1.7 所示，登录流程如图 1.8 所示，注册流程如图 1.9 所示。

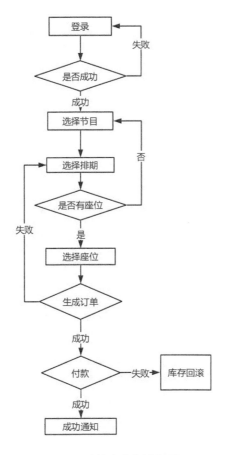

图1.7 系统主业务流程图

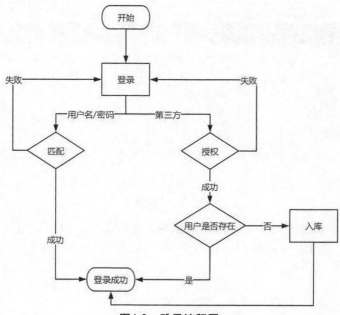

图1.8　登录流程图

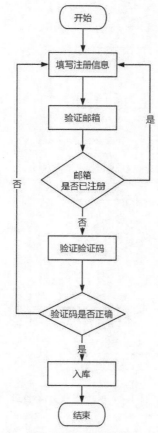

图1.9　注册流程图

任务 2 了解微服务架构

1.2.1 软件架构分类

在如今的软件市场中,基于用户群体的不同,一般将软件行业分为两类,即传统软件行业和互联网软件行业。

- 传统软件行业:面向企业开发应用软件,软件的最终使用者为企业内部员工。
- 互联网软件行业:面向广大互联网市场开发软件,软件的最终使用者为互联网的所有用户。

基于传统软件行业和互联网软件行业面向的用户群体的不同,二者在实际的开发、部署、运维等方面也有着很大的区别,具体如表 1-1 所示。传统软件开发一般会选择单体式架构,而新型互联网软件开发一般会选择时下较为流行的微服务架构。下面分别介绍两种架构。

表 1-1 传统软件行业 VS 互联网软件行业

比较项	传统软件行业	互联网软件行业
面向用户	企业内部用户	互联网线上用户
用户量	小	庞大
并发考虑	少/几乎不用考虑	必须考虑
项目代码量	少	多
数据量	少	海量数据
架构方式	单体式架构	分布式微服务架构
开发团队	单个团队	多个团队
部署	单个服务器	集群服务器
运维复杂度	低	高

1. 单体式架构

在传统的企业内部应用系统开发中,一般采用单体式架构。所谓单体式架构,即将项目的所有源代码都放置于一个总项目中进行开发、管理和部署。虽然项目分为多个模块,但多个模块的源码均属于一个项目,不同模块的开发者共同维护一份项目源码。单体式架构项目的源码结构如图 1.10 所示。

随着信息技术的迅猛发展,互联网用户已成为软件市场的最大客户。不同于企业级用户,互联网用户拥有更多的选择空间,更加关注软件自身的用户体验度。对于软件提供商而言,一方面要保证软件响应的灵敏度,另一方面要保证软件功能的多样化、定制化。在这样的背景下,传统的单体式架构已不能满足互联网用户的复杂需求。主要原因如下。

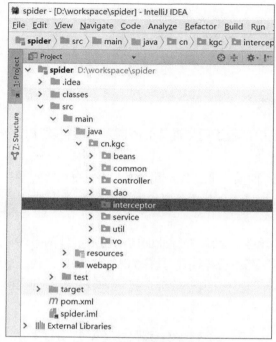

图1.10　单体式架构项目源码结构

（1）项目迭代不灵活

对于互联网项目而言，互联网软件提供商经常会根据用户的不同体验需求，调整项目功能，即更新迭代软件版本。而单体式架构把项目代码合归一处，迭代的版本越多，项目代码就越多、越乱。在一个庞然大物中去寻找和修改指定模块的代码将非常困难，而且容易引发未知风险（如影响已上线功能）。

（2）项目组职责、权限不清

对于互联网项目而言，由于项目比较庞大，大多需要分不同的项目组进行开发。不同项目组之间需要进行严格的代码保密和权限划分，以避免核心代码泄露或错改其他项目组代码。而传统的单体式架构项目将所有的项目源码暴露给项目开发的所有成员，更容易引发风险。

（3）项目并发配置不灵活

对于互联网项目而言，由于面对的是互联网上的所有用户，所以在开发过程中，需要考虑项目在高并发下的处理能力。传统的单体式架构在解决高并发问题时，多采用集群方式横向扩展，即增加机器做负载均衡，如图1.11所示。每一个立方体代表一个项目的发布包（如war包），立方体中的每个小方格代表项目的一个模块。由于不同模块流量不一（如一次登录可以多次查询商品信息，因此用户模块的流量一般低于商品模块的流量），而单体式架构无法针对对应模块进行扩展，一些流量低的模块也不得不随着流量高的模块一起被扩展，这样就造成了资源的浪费。

由于单体式架构存在上述问题，于是就出现了针对庞大项目进行拆分的微服务架构。

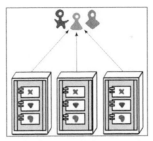

图1.11 单体式架构项目扩展

2. 微服务架构

微服务架构是将原来庞大的项目进行拆分，拆分后的每一个模块独立形成一个新的项目（后称服务），服务之间可按照一定方式进行通信的架构，如图1.12所示。

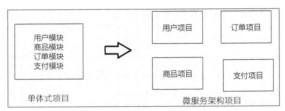

图1.12 单体式架构项目VS微服务架构项目

微服务架构的优势主要有如下几点。

（1）项目复杂度降低

微服务架构通过将巨大单体式应用分解为多个服务的方法解决了复杂性问题。在功能不变的情况下，应用可被分解为多个可管理的服务。每个服务都有一个用RPC或者消息驱动API定义清楚的边界，这就使得每一个项目的代码量大大减少，且关注的业务更为专一。

（2）团队界限明确

微服务架构使每个服务都由专门的开发团队来负责开发，不同的开发团队可以自由地选择开发技术，团队之间只需要定义好服务调用规则即可。由于服务都相对简单，使用最新技术重写原来项目的代码也变得更加容易。

（3）部署灵活

微服务架构使得每个服务都能够更方便地进行独立扩展，可以根据不同服务的特点采用不同的部署策略。两种架构的部署扩展方式如图1.13所示。在微服务应用开发中，分布式集群是最常见的架构部署方式。

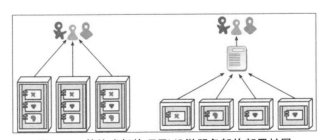

图1.13 单体式架构项目VS微服务架构部署扩展

知识扩展

分布式架构就是按照业务功能，将一个完整的系统拆分成一个个独立的子系统，每个子系统称为"服务"。这些服务可以部署在不同的机器上，互相通过接口来进行通信。

集群架构是一组相互独立的、通过高速网络互联的计算机，它们构成一个组，并以单一系统的模式加以管理。通俗地讲，就是由多个服务/机器一起做相同的事情，提供相同的服务，以此来提高系统的性能和扩展性。

了解微服务架构更多内容请扫描二维码。

微服务架构

1.2.2 微服务架构概念

1. 服务类型

在微服务架构的项目中，至少要包含两类服务：Provider（提供者）和 Consumer（消费者）。Provider 即提供服务的一方，Consumer 即调用服务的一方。在项目开发中，由于同一个项目既有可能是提供者也有可能是消费者，因此在项目拆分的过程中，为了防止项目的互相依赖（如用户模块需要调用商品模块的服务，商品模块也需要调用用户模块的服务），一般会将提供者和消费者单独拆分成独立的项目。大觅网项目的微服务拆分架构图如图 1.14 所示。

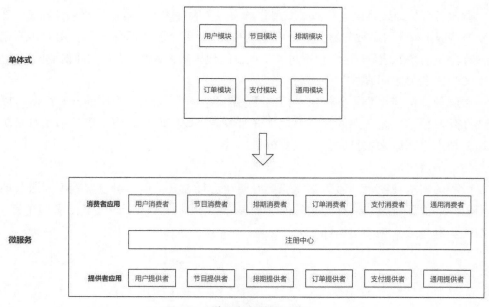

图1.14 微服务架构拆分图

2. 常见微服务架构

（1）Dubbo/Dubbox

Dubbo 是阿里巴巴公司开源的一个优秀的高性能服务框架。基于 Dubbo 可实现服务间高性能的 RPC 调用。在集成方式上，Dubbo 可以和 Spring 框架进行无缝集成。Dubbox 为其升级版，由当当网进行升级改良。

（2）Spring Cloud

Spring Cloud 是基于 Spring Boot 的一整套实现微服务的框架，它提供了微服务开发所需的配置管理、服务发现、断路器、智能路由、微代理、控制总线、全局锁、决策竞选、分布式会话和集群状态管理等组件。本书将基于 Spring Cloud 技术进行微服务架构开发实战。

3. 调用方式

微服务架构项目之间一般有两种调用方式，即 RPC 和 RESTful。

（1）RPC

RPC 即 Remote Procedure Call（远程过程调用），通俗地讲，就是可以在一个项目中像调用本地服务一样去调用其他项目的服务。具体调用方式如示例所示，其中使用 @DubboConsumer 注解注入的 Service 即为其他项目中的服务。常见的微服务框架，如 Dubbo 及其升级版 Dubbox 均支持 RPC 的调用方式。

示例

```
@Component
public class QgGoodsServiceImpl implements QgGoodsService {
    @DubboConsumer
    private RpcQgUserService rpcQgUserService;
    @DubboConsumer
    private RpcQgGoodsService rpcQgGoodsService;
    @DubboConsumer
    private RpcQgGoodsMessageService rpcQgGoodsMessageService;
    //省略部分代码
}
```

（2）RESTful

REST 全称是 Representational State Transfer，是一组架构约束条件和原则。狭义上，RESTful 可理解为在 Web 请求中，将参数封装于 URL 内部（如使用 URL:www.dm.com/getUserInfo/12，获取用户 ID 为 12 的详细用户信息）。在微服务中，项目之间可以采用 RESTful 风格的 HTTP 方式互相进行调用。常见的微服务框架，如 Spring Cloud 及 Dubbox 均支持 RESTful 的调用方式。

4. 微服务架构设计原则

（1）围绕业务切分

在决定将项目分成多少个子项目时，需要按照对应的业务进行拆分，避免业务过多交叉，接口实现复杂。比如打车应用可以拆分为三个子项目：乘客服务、车主服务、支付服务。三个服务的业务特点各不相同，支持独立维护，都可以再次按需扩展。

（2）单一职责

在服务设计上，每一个服务的职责尽可能单一。这样可以保证服务的模块化协作，即多个服务互相搭配完成一个整体功能。

(3）谁创建，谁负责

采用微服务架构对项目进行拆分后，出现了很多小的项目，这些项目需要单独部署。为了减少沟通成本，采用微服务架构的项目一般由其开发团队直接对项目的开发、维护、部署进行负责。

任务 3　了解大觅网架构设计

本任务采用微服务架构的设计原则，基于 Spring Cloud 微服务技术对大觅网项目进行架构设计。下面主要从四个维度对系统架构进行描述，分别为业务架构、应用架构、技术架构和数据库架构。

1. 业务架构

业务架构是用来描述系统主要业务功能的架构。一般来说，确定系统的业务架构只需要回答一个问题：用户使用系统可以干什么。大觅网的业务架构如图 1.15 所示，分为四类业务，分别为用户业务、商品业务、订单业务以及支付业务。用户通过大觅网可以完成对这四类业务的操作。

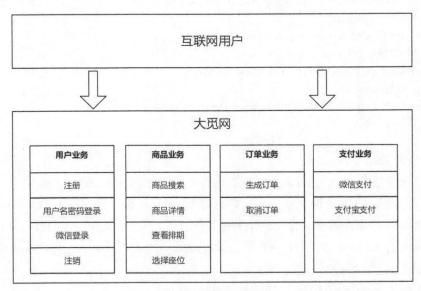

图1.15　业务架构图

2. 应用架构

应用架构是用来描述系统应用结构的架构，通俗地讲，就是描述系统包含多少种类型的应用，以及应用之间关系的架构。大觅网的应用架构如图 1.16 所示。大觅网采用微服务架构对项目进行划分，划分后系统包含前端应用、网关应用、环境应用以及后端应用。其中，后端应用又可分为三类，分别为基础服务类应用、提供服务类应用、消费服务类应用。基础服务类应用包括本微服务架构的注册中心 Eureka 以及一些微服务管理类组件。提供服务类应用是微服务架构中的提供者，即提供接口供其他程序调用的程序。消费服务类应用就是调用提供者接口进而实现业务的程序,在微服务程序中称为消费者。一般，提供者应用包含数据库操作和简单业务逻辑操作，消费者应用包含复杂业务逻辑的处理和用于数据展示的数据封装。另外，大觅网项目依赖众多的第三方应用环境，如Redis、Jenkins、Elasticsearch、ELK 等，通称为环境应用。

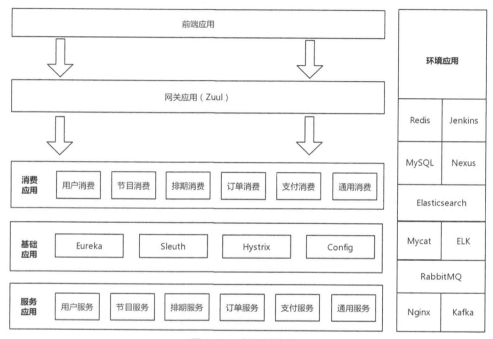

图1.16　应用架构图

3. 技术架构

应用架构设计完成后，需要进一步考虑系统设计的细节。技术架构就是用来描述系统业务所采用的技术的架构。大觅网的技术架构如图 1.17 所示，说明如下。

> 采用 Docker 环境进行项目环境搭建和配置。
> 采用 MySQL 作为系统数据库并采用集群方式进行配置和部署。
> 采用 Mycat 数据库中间件管理数据库集群。
> 采用 Elasticsearch 集群实现商品信息的存储和搜索。
> 采用 Redis 作为缓存来缓存用户数据。
> 采用 Spring Cloud 微服务架构实现微服务管理，将系统应用拆分为提供者、消费者、网关及注册中心。
> 采用 Spring Cloud 整套解决方案，包括使用 Fegin 进行接口管理、使用 Hystrix 进行容错、使用 Ribbon 实现负载均衡。
> 采用前后端分离技术，将数据的业务逻辑处理和展示分开，将数据展示独立为前端项目。前后端之间采用 Nginx 反向代理实现接口访问。

➢ 采用 Jenkins 实现程序的自动发版和 CI（持续集成）。

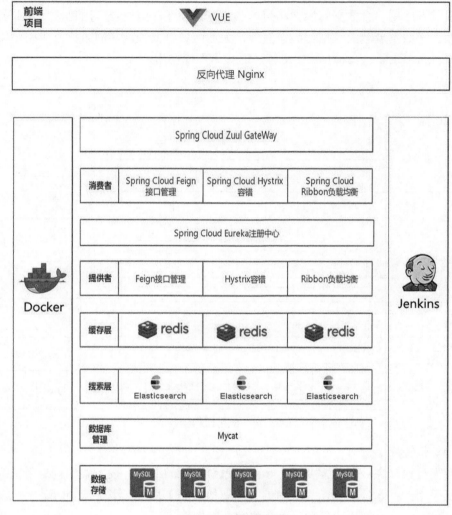

图1.17　技术架构图

4．数据库架构

数据库架构即描述系统数据结构的架构。基于微服务设计思想对大觅网进行应用拆分后，数据库也进行了相应的拆分，具体拆分结果如图 1.18 所示。

➢ 大觅网数据库包括六个独立的数据库，分别为基础库、节目库、订单库、支付库、排期库和用户库。
➢ 大觅网数据库在设计过程中采用 Mycat 实现水平分库，并对订单库做进一步的拆分，拆分后的订单库包括三个库，分别为订单库 1、订单库 2、订单库 3，三个子订单库的结构相同。

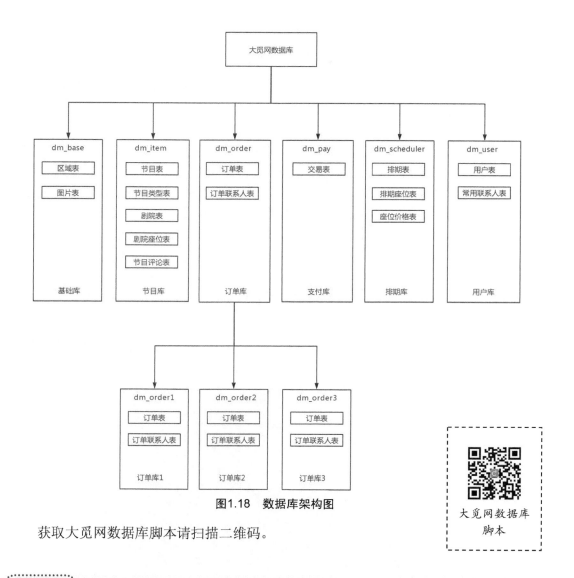

图1.18 数据库架构图

获取大觅网数据库脚本请扫描二维码。

大觅网数据库脚本

任务 4 了解大觅网项目管理设计

前面介绍了微服务架构的概念，并使用微服务架构理念对大觅网进行了架构设计。在实际企业开发中，开发之前开发团队除了需要做好项目架构设计外，还需要提前对项目管理进行规划。本任务将从代码版本管理、代码规范管理和团队协作管理三个方面对其进行阐述。

1.4.1 代码版本管理设计

版本控制系统是一种帮助用户实现项目版本追溯、协作修改项目文件、处理操作冲突的控制系统，常被应用于软件开发领域。版本控制系统一般分为集中化版本控制系统和分布式版本控制系统。

➢ 集中化版本控制系统（Centralized Version Control Systems，CVCS）采用中央服务器来管理和保存项目的版本库，协同者均通过客户端连接中央服务器进行工作。常见的集中化版本控制系统有 CVS、Subversion 等。由于集中化版本控制系统中所有数据都保存在中央服务器中，一旦中央服务器发生故障，极有可能引起数据丢失。为了解决该问题，分布式版本控制系统应运而生。

➢ 分布式版本控制系统（Distributed Version Control System）是目前较为流行的版本控制系统，常见的有 Git、Mercurial、Bazaar 以及 Darcs 等。在分布式版本控制系统中，客户端执行更新操作时不只是从服务器获取最新代码，而是把整个代码仓库完整地复制下来。这就使得每一个开发者的机器上都具有项目仓库的完整备份。在项目开发过程中，即使服务器发生故障导致代码丢失，也可以利用客户端的本地仓库来进行恢复。

Git 是较为流行的分布式版本控制系统之一，源于 Linus Torvalds（见图 1.19）为管理 Linux 内核而开发的一个开放源码的版本控制软件。目前 IT 行业内的很多开源社区均提供了对 Git 的支持，如 GitHub、码云等。用户可以在这些社区上创建自己的 Git 仓库，并通过 Git 命令进行相关操作。在使用 Git 进行项目版本管理前，需要首先了解 Git 的相关概念。

图1.19 Linus Torvalds

1．三种状态

在 Git 版本控制系统中，文件有三种状态，即"已修改（modified）""已暂存（staged）"和"已提交（committed）"。另外，为了方便区分，在 Git 系统中还将未加入 Git 版本管理的文件状态标识为"未跟踪（untracked）"。

➢ untracked：表示文件为新增加的，但还未加入 Git 的版本管理。
➢ modified：又被称为"Changes to be committed"，表示修改了文件正等待提交。
➢ staged：表示对已修改文件进行了标记，使之包含在下次提交的快照中。
➢ committed：表示数据已经安全地保存在本地仓库中。

2．四个区域

在使用 Git 进行管理的项目中，不同状态的文件分别对应着不同的保存位置。Git

保存文件的位置包括：Git 仓库、暂存区以及工作区。其中，Git 仓库又分为远程仓库和本地仓库。

> 远程仓库：远程仓库是指项目组共同维护的、托管在网络服务器上的项目仓库。
> 本地仓库：即远程仓库在本地的副本。开发者在开发之前必须要建立本地仓库，在开发过程中还需要基于本地仓库对代码进行修改和维护。
> 暂存区：用户修改的项目文件，在提交至本地仓库前的暂存区域。
> 工作区：用户实际编码的本地项目目录。

3．执行原理

Git 执行原理如图 1.20 所示。接下来将详细地讲解 Git 执行过程中的具体步骤。

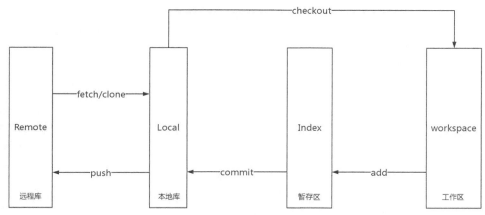

图1.20　Git执行原理

> 开发前：在开发工作进行前，开发者首先需要利用 clone 命令从远程仓库将代码克隆到本地开发环境形成本地仓库，这时本地仓库与远程仓库中的代码是一致的。
> 开发过程中：开发工作进行中，开发者直接修改的文件（状态为 modified）或新增的文件（状态为 untracked）可以利用 add 命令添加至暂存区。
> 提交代码时：开发者需要利用 commit 命令将暂存区代码（状态为 staged）提交至本地仓库，并利用 push 命令将代码推送至远程仓库。

 注意

为了防止开发者之间的代码互相冲突，在每日的开发工作进行之前或提交代码之前，开发者需要通过 pull 命令从服务器拉取最新代码。

了解更多 Git 执行原理内容请扫描二维码。

开发者使用 Git 进行版本控制的操作步骤如下。

（1）下载 Git 安装包。

（2）配置环境变量。

（3）执行 clone 命令克隆远程仓库到本地，形成本地仓库。

Git执行原理

（4）项目修改完成后，通过 add、commit 命令将代码提交至本地仓库。

（5）使用 push 命令推送本地仓库代码至远程仓库。

了解更多有关 Git 的内容，请扫描二维码。

Git 应用

1.4.2 代码规范管理设计

大觅网使用 Sonar 进行项目代码规范管理。Sonar 全称为 SonarQube，是一种静态代码检查工具，采用 B/S 架构，可以帮助开发者检查代码缺陷、改善代码质量、提高开发速度。通过插件形式，可以支持对 Java、C、C++、JavaScript 等二十几种编程语言的代码进行质量管理与检测。为了方便，本书统一使用 Sonar 代替 SonarQube。在使用 Sonar 进行代码规范管理前，首先需要安装两套环境，分别为服务器环境和本地环境。

1. Sonar 服务器环境安装

（1）在服务器上访问 Sonar 官网并下载 Sonar 安装文件。

（2）解压 Sonar 安装包，设置 Sonar 访问用户名和密码。

（3）为 Sonar 中的 Elasticsearch 组件配置用户。

（4）启动 Sonar 中的 Elasticsearch 组件。

（5）启动 Sonar。

（6）访问 Sonar 主界面，并配置 Sonar 规则。

了解 Sonar 服务器环境安装的更多内容，请扫描二维码。

Sonar 服务器环境安装

2. Sonar 本地环境安装

（1）访问 IntelliJ IDEA 针对 Sonar 的插件下载地址，选择 3.4.2.2586 版本进行下载，如图 1.21 所示。

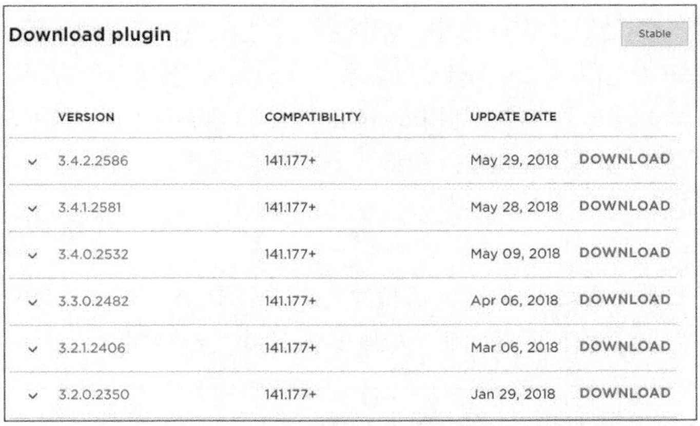

图 1.21 SonarLint 插件下载

（2）打开 IntelliJ IDEA 中的 Settings，选择 Plugins，之后选择从本地安装。选中下载好的插件，然后重启 IntelliJ IDEA，之后再次打开 Settings，选择 Other Settings，配置服务端连接，如图 1.22 所示。

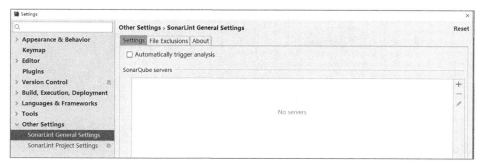

图1.22　SonarLint General Settings配置

（3）单击右侧"+"号，创建配置，需要填入服务器环境搭建中生成的Token信息，如图1.23和图1.24所示。

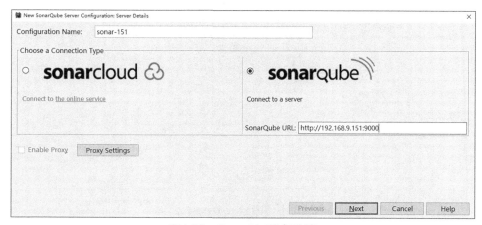

图1.23　SonarLint服务连接

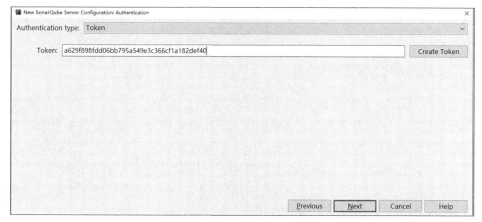

图1.24　SonarLint Token设置

（4）然后单击Finish按钮完成创建。最后需要配置SonarLint Project Settings，如图1.25所示。

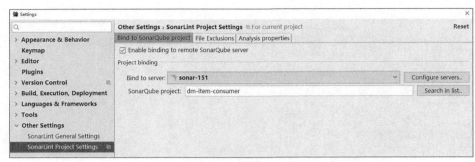

图1.25　SonarLint Project Settings设置

（5）配置完成后，选择某个需要检测的 Java 类，然后选中 SonarLint 并执行检测，就可以查看本地检测提示，如图 1.26 所示。

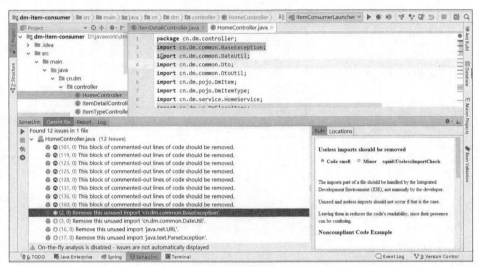

图1.26　SonarLint本地检测

1.4.3　团队协作管理设计

大觅网开发团队采用敏捷开发的模式对项目开发进行管理。敏捷开发（Agile Development）是一种以人为核心，遵循迭代、循序渐进的开发方法，引导开发者按照规定的环节一步步地完成项目开发。常见的用于敏捷开发的框架有 XP 和 Scrum。本书主要介绍 Scrum 框架的应用。在 Scrum 中，整个开发周期包括若干个小的迭代周期。每个小的迭代周期称为一个 Sprint，每个迭代周期结束时，Scrum 团队需要交付产品增量。完整的 Scrum 团队的工作流程如图 1.27 所示，具体的流程说明如下。

（1）产品开发前，需要根据产品的业务需求将开发任务整理成 Product BackLog（产品待办任务列表），每一个任务称为一个 User Story（用户故事）。

（2）此后再根据优先级和重要程度，将 Product BackLog 中的 User Story 划分成若干 Sprint BackLog（迭代周期内任务列表）。

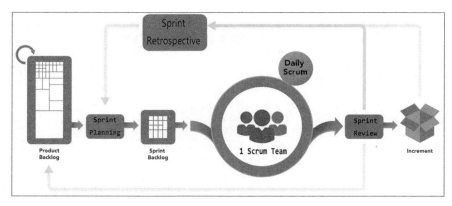

图 1.27　Scrum 框架流程

（3）每个迭代周期伊始，需要召开 Sprint Plan Meeting（迭代计划会议），对任务进行估算，将 Sprint BackLog 中的 User Story 细化为 Task，每个 Task 要保证 2 天内可以完成，由开发团队成员认领任务。

（4）团队成员每天召开 Daily Scrum Meeting（每日例会），汇报昨天完成的任务、当天将要完成的任务以及遇到的困难。Scrum 实施过程中，团队需要使用任务看板，对待开发、开发中、已完成、已延期的 User Story 以及剩余任务量进行公示。常见的任务看板如图 1.28 所示。

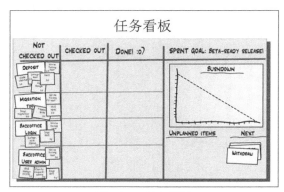

图1.28　任务看板

（5）一个迭代周期任务完成后，团队将一起进行 Sprint Review（迭代周期内过审），过审通过的 User Story 将形成 Increment（产品增量）。

（6）每个迭代周期结束后，团队需要在 Master（团队负责人）的带领下进行 Sprint Retrospective（回顾会），总结本迭代周期内引起 User Story 延期或质量下降的主要问题，并在下一个迭代周期内进行改进。

综上所述，Scrum 的核心理念就是将复杂任务按照时间维度拆分成细粒度的 User Story，并按照时间维度将开发计划分为一个个的 Sprint。迭代周期开始时，团队成员一起冲锋，确保迭代周期内的 User Story 被顺利完成。

了解 Scrum 框架的更多内容，请扫描二维码。

Scrum框架

➲ 本章总结

- ➢ 微服务架构是将原来庞大的项目进行拆分，拆分后的模块独立成为一系列的项目（即服务），服务之间可按照一定方式进行通信的架构。
- ➢ 微服务架构按照应用类型将应用分为提供者和调用者。
- ➢ 常见微服务架构有 Spring Cloud、Dubbo、Dubbox。
- ➢ 微服务架构提供者和调用者之间常采用的通信方式有 RPC 和 RESTful 两种。
- ➢ 微服务架构设计原则包括围绕业务切分、单一职责以及谁创建，谁负责。
- ➢ 大觅网的架构设计包括业务架构设计、应用架构设计、技术架构设计，以及数据库架构设计。
- ➢ 大觅网采用 Git 进行代码版本管理、使用 Sonar 进行代码规范管理、使用 Scrum 进行团队协作管理。

➲ 本章作业

使用提供的数据库脚本搭建大觅网数据库架构。

第 2 章

Spring Cloud 初体验

技能目标

- ❖ 了解 Spring Cloud
- ❖ 掌握使用 Eureka 实现注册中心及注册服务
- ❖ 掌握使用 Feign 实现声明式 REST 调用
- ❖ 掌握使用 Hystrix 实现微服务的容错处理

本章任务

学习本章内容，需要完成以下 4 个工作任务。记录学习过程中遇到的问题，可以通过自己的努力或访问 ekgc.cn 解决。

任务 1：了解 Spring Cloud
任务 2：使用 Eureka 实现注册中心及注册服务
任务 3：使用 Feign 实现声明式 REST 调用
任务 4：使用 Hystrix 实现微服务的容错处理

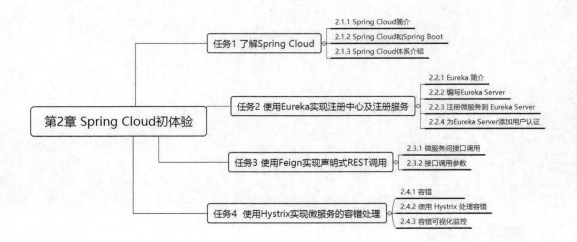

任务 1　了解 Spring Cloud

2.1.1　Spring Cloud 简介

Spring Cloud 其实是一个总称，它包含了众多搭建分布式系统的公共组件的实现方案，如配置管理、服务发现、断路器、智能路由、服务追踪、负载均衡等。使用 Spring Cloud，开发人员可以快速搭建起基于这些方案的应用，并且可以适应大多数分布式环境。

2.1.2　Spring Cloud 和 Spring Boot

Spring Cloud 是基于 Spring Boot 的，非常适合管理 Spring Boot 创建的各个微服务应用。Spring Cloud 和 Spring Boot 都处于快速发展时期，版本迭代很快，在使用 Spring Cloud 的时候需要注意和 Spring Boot 版本的兼容性。Spring Cloud 是一个总项目的代称，里面包含很多子项目。每个子项目独立维护自己的版本，而 Spring Cloud 总项目的版本分别以不同的英文单词命名。如图 2.1 所示是当前 Spring Cloud 官方提供的各个版本。

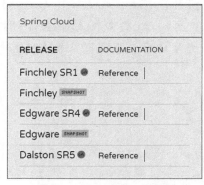

图2.1　Spring Cloud版本

本书中使用的 Spring Cloud 版本为 Dalston SR4。官网中特别说明 Dalston 和 Edgware 的发行版构建在 Spring Boot 1.5.x 上，并且不能完全兼容 Spring Boot 2.0.x。所以本书中构建的 Spring Boot 项目版本为 1.5.6 Release。在本书后面章节中创建的项目均依赖此版本，不再特别说明。

> 具体各个版本间的兼容性问题读者可到 Spring Cloud 官网进行查看。为保证书中案例正常运行，建议使用与本书相同的版本。

2.1.3 Spring Cloud 体系介绍

Spring Cloud 是一个综合项目，包含了若干适合搭建分布式微服务架构的解决方案，接下来介绍其中应用最多的组件。

➤ Eureka

Eureka 是一个基于 REST 的服务，用于定位服务，以实现云端中间层服务发现和故障转移。

➤ Feign

Feign 是一种声明式、模板化的 HTTP 客户端，能够简化服务之间的接口请求。

➤ Hystrix

Hystrix 是一种容错管理工具，能够通过熔断机制控制服务节点，从而对延迟和故障提供更强大的容错能力。

➤ Ribbon

Ribbon 提供云端负载均衡，有多种负载均衡策略可供选择，可配合服务发现和断路器使用。

➤ Zuul

Zuul 是可以提供动态路由、监控、弹性、安全等边缘服务的框架，相当于是设备和 Netflix 流应用的所有 Web 网站后端请求的第一站。

➤ Config

Config 是配置管理工具包，可以把配置放到远程服务器上，集中化管理集群配置，目前支持本地存储、Git 以及 Subversion。

➤ Sleuth

Sleuth 能够跟踪一个请求在微服务间的传播过程，详细记录服务的调用链路，并能统计调用的耗时等数据，帮助分析和优化系统性能。

以上组件在大觅网项目中都会用到，其中，Eureka、Feign、Hystrix 这三个组件在本章会详细讲解，使用它们就可以搭建起微服务的基础框架。Sleuth 会在第 4 章 "分布式日志处理" 中详细讲解。在进行分布式部署时会用到 Ribbon、Zuul、Config 组件，这些组件都将在第 6 章详细讲解。

任务2 使用 Eureka 实现注册中心及注册服务

2.2.1 Eureka 简介

Eureka 是 Spring Cloud Netflix 微服务套件的一部分,包含了服务器端(Eureka Server)和客户端(Eureka Client)两部分内容。服务器端也被称作服务注册中心,用于提供服务的注册与发现。客户端服务启动后会将自身服务注册至服务器端,在应用程序运行过程中,客户端会周期性地向注册中心发送心跳包来保持服务连接,同时也可以从服务器端查询当前注册的服务信息和状态。

提示

和 Eureka 功能类似的产品还有 Apache ZooKeeper,感兴趣的读者可以前往 Apache ZooKeeper 官网了解。

2.2.2 编写 Eureka Server

1. 创建项目

新建一个 Spring Boot 项目,将 artifactId 指定为 dm-eureka-server。

2. 添加依赖

在 dm-eureka-server 项目的 pom.xml 文件中添加对 Spring Cloud 的相关依赖,关键代码如示例 1 所示。

示例 1

```xml
<dependencies>
    <dependency>
        <groupId>org.springframework.cloud</groupId>
        <artifactId>spring-cloud-netflix-eureka-server</artifactId>
        <version>1.3.5.RELEASE</version>
    </dependency>
</dependencies>
<dependencyManagement>
    <dependencies>
        <dependency>
            <groupId>org.springframework.cloud</groupId>
            <artifactId>spring-cloud-dependencies</artifactId>
            <version>Dalston.SR4</version>
            <type>pom</type>
            <scope>import</scope>
        </dependency>
    </dependencies>
```

```
</dependencyManagement>
```

3. 添加启动注解

在启动类上添加注解：@EnableEurekaServer，声明这是一个 Eureka Server。关键代码如示例 2 所示。

示例 2

```
@SpringBootApplication
@EnableEurekaServer
public class DmEurekaServerApplication {
    public static void main(String[] args) {
        SpringApplication.run(DmEurekaServerApplication.class, args);
    }
}
```

4. 添加配置信息

修改默认的配置文件 application.properties 为 application.yml，在其中添加配置信息，关键代码如示例 3 所示。

示例 3

```yaml
server:
  port: 7776
eureka:
  client:
    fetch-registry: false
    register-with-eureka: false
    service-url:
      defaultZone: http://localhost:7776/eureka/
```

> 注意
>
> Spring Boot 项目的配置文件后缀可以是.properties 也可以是.yml，本书中均使用 yml 文件，但 yml 文件需要注意合理缩进，否则无法正常解析。
>
> 其中 register-with-eureka 表示是否将自己注册到 Eureka Server，默认为 true。当前应用就是 Eureka Server，所以将其设为 false。fetch-registry 表示是否从 Eureka Server 获取注册信息，默认为 true。本示例是单点 Eureka Server，不需要同步数据，所以将其设为 false。service-url:defaultZone 表示查询和注册服务的地址，多个地址间可以用","分隔。

> 经验
>
> 在 IDEA 中也可以直接创建 Eureka Server 项目，并可以自动添加相关依赖和注解，但是创建后需要注意是否是自己想要使用的版本。

5. 启动运行验证

运行项目，当控制台出现如图 2.2 所示信息，代表启动成功。

```
Thread-19] o.s.c.n.e.server.EurekaServerBootstrap      : Initialized server context
Thread-19] c.n.e.r.PeerAwareInstanceRegistryImpl       : Got 1 instances from neighboring DS node
Thread-19] c.n.e.r.PeerAwareInstanceRegistryImpl       : Renew threshold is: 1
Thread-19] c.n.e.r.PeerAwareInstanceRegistryImpl       : Changing status to UP
Thread-19] e.s.EurekaServerInitializerConfiguration    : Started Eureka Server
    main] s.b.c.e.t.TomcatEmbeddedServletContainer     : Tomcat started on port(s): 7776 (http)
    main] c.n.e.EurekaDiscoveryClientConfiguration     : Updating port to 7776
```

图2.2 启动成功

此时可在浏览器访问地址：http://localhost:7776，出现如图 2.3 所示页面代表运行成功。

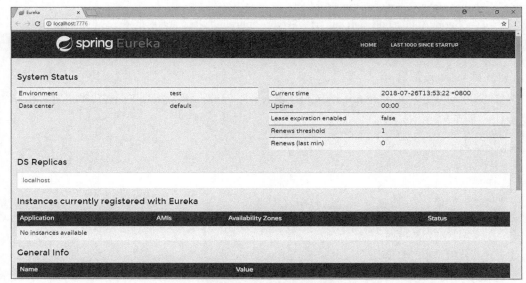

图2.3 Eureka Server主页

2.2.3 注册微服务到 Eureka Server

接下来会实现一个微服务应用，对外提供登录验证服务，并将服务注册到已经启动的 Eureka Server。

1．创建项目

新建一个 Spring Boot 项目，将 artifactId 指定为 dm-user-consumer。

2．添加依赖

在 dm-user-consumer 的 pom.xml 文件中添加对 Spring Cloud 的相关依赖，关键代码如示例 4 所示。

示例 4

```
<dependency>
        <groupId>org.springframework.cloud</groupId>
        <artifactId>spring-cloud-starter-eureka</artifactId>
        <version>1.3.5.RELEASE</version>
</dependency>
<dependencyManagement>
```

```xml
<dependencies>
    <dependency>
        <groupId>org.springframework.cloud</groupId>
        <artifactId>spring-cloud-dependencies</artifactId>
        <version>Dalston.SR4</version>
        <type>pom</type>
        <scope>import</scope>
    </dependency>
</dependencies>
</dependencyManagement>
```

3．添加启动注解

在启动类上添加注解：@EnableDiscoveryClient，声明这是一个 Eureka Client，需要注册到 Eureka Server。关键代码如示例 5 所示。

示例 5

```java
@SpringBootApplication
@EnableDiscoveryClient
public class DmUserConsumerApplication {
    public static void main(String[] args) {
        SpringApplication.run(DmUserConsumerApplication.class, args);
    }
}
```

4．添加配置

修改配置文件 application.yml，在其中添加配置信息，关键代码如示例 6 所示。

示例 6

```yaml
server:
  port: 8080
spring:
  application:
    name: dm-user-consumer
eureka:
  client:
    service-url:
      defaultZone: http://localhost:7776/eureka/
```

spring.application.name 表示当前微服务注册到 Eureka Server 中的名称，同时需要指定 Eureka Server 的地址。

5．运行验证注册

依次运行微服务 dm-eureka-server、dm-user-consumer，启动成功后，访问注册中心主页，显示如图 2.4 所示。

可以看到在 Application 下已经出现 dm-user-consumer 微服务，在 Status 中显示 UP，表示该服务正常运行；如果服务出现异常，会显示为 DOWN。

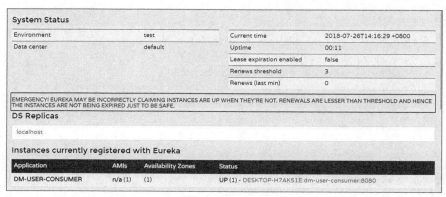

图2.4 服务注册

图 2.4 中方框标记的信息提示表明 Eureka 的自我保护机制默认是打开的,关于自我保护机制在后面会讲到。如果想要关闭自我保护,需要在 dm-eureka-server 的 application.yml 中添加配置,关键代码如示例 7 所示。

示例 7

```
eureka:
  server:
    enable-self-preservation: false
```

添加配置后重新运行并访问 Eureka Server 主页地址,可以看到提示已经关闭了保护机制,如图 2.5 所示。

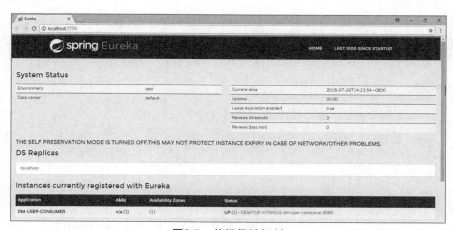

图2.5 关闭保护机制

获取 Eureka 面试必问问题及答案,请扫描二维码。

2.2.4 为 Eureka Server 添加用户认证

在前面的示例中,Eureka Server 是允许匿名用户直接访问的,这样不太安全,一般会为其设置登录认证,下面来讲解具体做法。

1. 添加依赖

在 dm-eureka-server 项目的 pom.xml 中添加如下依赖,通过 spring-boot-starter-security

提供用户认证功能，关键代码如示例 8 所示。

示例 8

```
<dependency>
    <groupId>org.springframework.boot</groupId>
    <artifactId>spring-boot-starter-security</artifactId>
</dependency>
```

2．添加配置

在 dm-eureka-server 项目的 application.yml 文件中添加配置，关键代码如示例 9 所示。

示例 9

```
security:
  basic:
    enabled: true
  user:
    name: root
    password: 123456
```

3．运行验证

重新启动服务并访问，此时就需要输入用户名和密码进行认证，如图 2.6 所示。输入配置文件中的用户名和密码就能正常进入。

图2.6　访问认证

为 Eureka Server 添加了用户认证后，微服务想要注册到 Eureka Server 上也必须指定用户名和密码，否则启动会报异常，将无法正常注册。修改 dm-user-consumer 项目的 application.yml 文件，在注册中心地址前加上"用户名:密码@"，如示例 10 所示。

示例 10

```
eureka:
  client:
    service-url:
      defaultZone: http://root:123456@localhost:7776/eureka/
```

技能训练

上机练习 1——搭建 Eureka Server 并实现服务注册

需求说明

创建两个 Spring Boot 项目，将第一个项目作为 Eureka Server 运行，将第二个项目作为 Eureka Client 并注册到 Eureka Server 中。

任务 3 使用 Feign 实现声明式 REST 调用

Feign 是一种声明式、模板化的 HTTP 客户端，使用它可以更加容易地编写 Web 服务客户端。

2.3.1 微服务间接口调用

首先按照之前创建 dm-user-consumer 项目所讲再次创建微服务项目 dm-user-provider，并将该微服务注册到 Eureka Server 中，其中 application.yml 配置文件如示例 11 所示。

示例 11
```
server:
  port: 8081
spring:
  application:
    name: dm-user-provider
eureka:
  client:
    service-url:
      defaultZone: http://root:123456@localhost:7776/eureka/
```

运行成功后，在 Eureka Server 中可以查看到 Application 名称为 DM-USER-PROVIDER 的微服务，如图 2.7 所示。

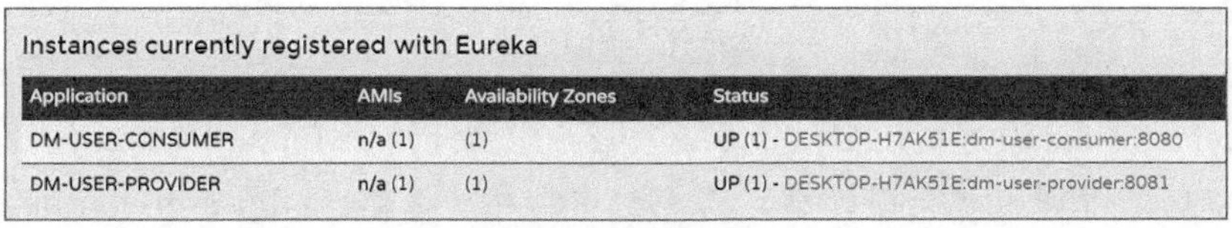

Instances currently registered with Eureka			
Application	AMIs	Availability Zones	Status
DM-USER-CONSUMER	n/a (1)	(1)	UP (1) - DESKTOP-H7AK51E:dm-user-consumer:8080
DM-USER-PROVIDER	n/a (1)	(1)	UP (1) - DESKTOP-H7AK51E:dm-user-provider:8081

图2.7 注册微服务

在 dm-user-provider 中添加 UserService 类，提供登录方法，关键代码如示例 12 所示。

示例 12
```
@RestController
public class UserService {
    @RequestMapping(value = "/login", method = RequestMethod.GET)
    public String login() throws Exception {
        return "用户登录验证";
    }
}
```

然后重新运行 dm-user-provider 服务，此时在浏览器中访问该接口，能够收到返回的信息则代表该接口运行正常，如图 2.8 所示。

图2.8　登录验证

接下来通过微服务 dm-user-consumer 来访问该登录接口。在 dm-user-consumer 项目中添加依赖，关键代码如示例 13 所示。

示例 13

```
<dependency>
    <groupId>org.springframework.cloud</groupId>
    <artifactId>spring-cloud-starter-feign</artifactId>
</dependency>
```

然后创建一个名称为 UserFeignClient 的接口，为其添加@FeignClient 注解并为其指定 name 属性，值为微服务项目 dm-user-provider 在 Eureka Server 中的注册名称，具体和 dm-user-provider 项目的 application.yml 文件中的 spring.application.name 属性值一致即可，关键代码如示例 14 所示。

示例 14

```
@FeignClient(name = "dm-user-provider")
public interface UserFeignClient {
    @RequestMapping(value = "/login",method = RequestMethod.GET)
    public String login();
}
```

接下来创建一个类并提供登录方法，在方法中通过 UserFeignClient 接口调用 dm-user-provider 中的方法，关键代码如示例 15 所示。

示例 15

```
@RestController
public class LoginController {
    @Autowired
    private UserFeignClient userFeignClient;
    @RequestMapping("/login")
    public String login() {
        return userFeignClient.login();
    }
}
```

修改启动类，添加注解@EnableFeignClients，关键代码如示例 16 所示。

示例 16

```
@SpringBootApplication
@EnableDiscoveryClient
@EnableFeignClients
public class DmUserConsumerApplication {
    public static void main(String[] args) {
        SpringApplication.run(DmUserConsumerApplication.class, args);
    }
}
```

然后重新运行 dm-user-consumer 项目，访问 LoginController 的 login()方法，可以看到返回了相同的结果，如图 2.9 所示。

图2.9 微服务调用验证

POST 方式的服务调用和 GET 方式类似，只需要将示例 14 中的调用接口和示例 12 中提供服务的接口定义为 POST 即可。

2.3.2 接口调用参数

以上的示例中并没有传递参数，而在实际开发中往往需要传递各种类型的参数，接下来以 POST 方式为例演示如何在调用服务接口的时候传递参数。GET 方式传递参数类似，请读者自行实践，此处不再赘述。

1. 传递单个参数

修改 dm-user-provider 项目的 login()方法，参数传递采用 POST 方式，并且传递一个 String 类型的参数 name，返回类型为布尔值。当参数 name 的值为"Feign"的时候返回 true，否则返回 false，关键代码如示例 17 所示。

示例 17

```
@RestController
public class UserService {
    @RequestMapping(value = "/login", method = RequestMethod.POST)
    public boolean login(@RequestParam("name") String name) throws Exception {
        return "Feign".equals(name);
    }
}
```

修改 dm-user-consumer 项目中的接口 UserFeignClient 的 login()方法，更改请求类型为 POST，并且修改方法的返回值和参数与 dm-user-provider 项目中的 login()方法一致，如示例 18 所示。

示例 18

```
@FeignClient(name = "dm-user-provider")
public interface UserFeignClient {
    @RequestMapping(value = "/login",method = RequestMethod.POST)
    public boolean login(@RequestParam("name") String name);
}
```

最后修改 dm-user-consumer 项目中的 LoginController 类中的 login()方法，接收请求参数 userName，在调用接口方法的时候传入此参数，并根据返回的结果给予相应的提示，关键代码如示例 19 所示。

示例 19

```
@RestController
public class LoginController {
    @Autowired
    private UserFeignClient userFeignClient;
    @RequestMapping("/login")
    public String login(@RequestParam("userName") String userName) {
        if (userFeignClient.login(userName)) {
            return "hello,"+userName+" 登录成功!";
        }
        return "hello,"+userName+" 登录失败!";
    }
}
```

分别启动服务，启动成功后访问 dm-user-consumer 服务的 login()方法并传入参数，查看显示的返回结果，如图 2.10 所示。

图2.10　传递单个参数

2. 传递多个参数

传递多个参数非常简单，只需要按照需要同时传递多个参数即可，这里不再赘述。

3. 传递 Map 参数

如果参数有多个，可以将参数放到 Map 对象中，这样使得接口调用更加清晰。继续改造 dm-user-provider 项目，将 login()方法接收的参数改为 Map 类型，接收参数注解改为@RequestBody，然后可以从接收到的 Map 对象中获取参数，关键代码如示例 20 所示。

示例 20

```
@RestController
public class UserService {
    @RequestMapping(value = "/login", method = RequestMethod.POST)
    public boolean login(@RequestBody Map userMap) throws Exception {
```

```
            String userName = (String) userMap.get("userName");
            String password = (String) userMap.get("password");
            return "Feign".equals(userName)&& "123456".equals(password);
    }
}
```

修改 dm-user-consumer 项目中的接口 UserFeignClient，将其 login()方法接收的参数改为 Map 类型，接收参数注解改为@RequestBody，关键代码如示例 21 所示。

示例 21

```
@FeignClient(name = "dm-user-provider")
public interface UserFeignClient {
        @RequestMapping(value = "/login",method = RequestMethod.POST)
        public boolean login(@RequestBody Map userMap);
}
```

修改 dm-user-consumer 项目中的 LoginController 类，在调用接口的时候传递封装好的 Map 对象，关键代码如示例 22 所示。

示例 22

```
@RestController
public class LoginController {
        @Autowired
        private UserFeignClient userFeignClient;
        @RequestMapping("/login")
        public String login(@RequestParam("userName") String userName,
                            @RequestParam("password") String password) {
            Map<String,String> userMap = new HashMap<String,String>();
            userMap.put("userName",userName);
            userMap.put("password",password);
            if (userFeignClient.login(userMap)) {
                return "hello,"+userName+" 登录成功!";
            }
            return "hello,"+userName+" 登录失败!";
        }
}
```

分别启动服务，然后访问 dm-user-consumer 项目的 login()方法并传入对应参数，可以看到返回的结果如图 2.11 所示。

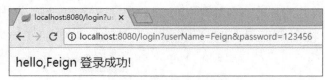

图2.11　传递Map参数

4. 传递自定义对象

在实际开发中一般会将传递的参数封装成符合业务要求的对象，接下来演示如何传递自定义对象参数。首先创建一个普通的 Maven 项目，指定 artifactId 为 dm-common-module，在项目中创建对象 User，将其发布到私服仓库（关于 Maven 私服仓库的搭建和使用这里不赘述）；然后分别在 dm-user-consumer 和 dm-user-provider 项目中引用该模块项目。修改 dm-user-provider 项目，将其 login()方法的参数修改为 User 对象类型，如示例 23 所示。

示例 23

```
@RestController
public class UserService {
    @RequestMapping(value = "/login", method = RequestMethod.POST)
    public boolean login(@RequestBody User user) throws Exception {
        return "Feign".equals(user.getName())&& "123456".equals(user.getPassword());
    }
}
```

接下来修改 dm-user-consumer 项目中的接口参数为 User 对象类型，关键代码如示例 24 所示。

示例 24

```
@FeignClient(name = "dm-user-provider")
public interface UserFeignClient {
    @RequestMapping(value = "/login",method = RequestMethod.POST)
    public boolean login(@RequestBody User user);
}
```

最后修改 dm-user-consumer 项目中的 LoginController 类，在其 login()方法中传递 User 对象，关键代码如示例 25 所示。

示例 25

```
@RestController
public class LoginController {
    @Autowired
    private UserFeignClient userFeignClient;

    @RequestMapping("/login")
    public String login(@RequestParam("userName") String userName,
                        @RequestParam("password") String password) {
        User user = new User();
        user.setName(userName);
        user.setPassword(password);
        if (userFeignClient.login(user)) {
            return "hello, " + userName + " 登录成功";
        }
        return "hello, " + userName + " 登录失败";
    }
}
```

分别重启服务，然后重新访问 dm-user-consumer 项目的 login()方法，查看返回结果，如图 2.12 所示。

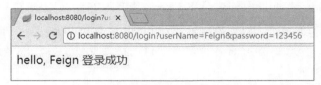

图2.12　传递自定义对象参数

技能训练

上机练习 2——基于上机练习 1 增加 Feign 的使用

需求说明

在上机练习 1 的基础上新建 Spring Boot 项目，通过 Feign 完成两个微服务之间的接口调用，要求必须传递自定义对象参数 User。

获取 Feign 面试必问问题解答请扫描二维码。

Feign实践"踩坑"记录

任务 4　使用 Hystrix 实现微服务的容错处理

2.4.1　容错

1. 为何需要容错

微服务架构的应用系统通常会包含多个微服务，各个微服务可能部署在不同的机器上并通过网络进行通信，那就不可避免会遇到以下问题：

➤ 网络请求超时

➤ 微服务不可用

➤ 微服务高负载

如果某个微服务出现上述问题就会进一步引起依赖它的微服务不可用，这样不断引发服务故障的现象称为"雪崩效应"，最终的结果是整个应用系统瘫痪。在微服务架构下应该重视对容错的处理，避免发生"雪崩效应"。

2. 如何容错

针对上面提到的问题，处理容错有以下常用手段。

➤ 超时重试

在 HTTP 请求中通常会设置请求的超时时间，超过一定时间后就会断开连接，如果服务不可用请求会一直阻塞，及时断开请求可以让服务资源尽快释放。在设置超时的同时一般会配合设置请求重试，也就是在请求失败的同时再次自动发起请求，但要注意重试次数不能设置太多，具体的超时时间和重试次数需要结合具体的业务来指定。

➢ 熔断器

熔断器模式类似于生活中的电路保险丝,当电流超载可能引发危险时就会自动断开。使用熔断器模式,如果请求出现异常,所有的请求都会直接返回而不会等待或阻塞,这样可以减少资源的浪费。熔断器还有一种半开的状态,当熔断器发现异常后会进入半打开状态,此时会定时接受一个请求来检测系统是否恢复,如果请求调用成功,代表系统已经恢复正常,就会关掉熔断器,否则继续打开。熔断器的处理逻辑如图 2.13 所示。

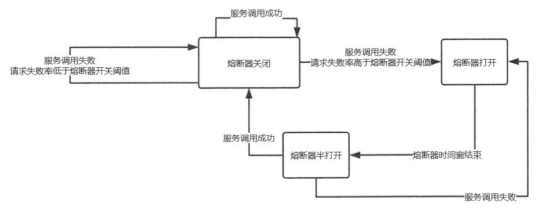

图2.13 熔断器处理逻辑

➢ 限流

每个应用系统处理请求的能力都是有限的,如果外部请求量过大会导致服务不可用。除了可以增加机器的物理配置,比如 CPU、带宽等,也可以对应用系统的某些功能进行限流。常见的限流措施有控制并发数量和限制访问速率。

2.4.2 使用 Hystrix 处理容错

Hystrix 是一个容错管理工具,旨在通过熔断机制控制服务和第三方库的节点,从而对延迟和故障提供更强大的容错能力,Hystrix 可以和 Spring Cloud 体系中的其他组件非常方便地结合使用。Spring Cloud 默认已经为 Feign 整合了 Hystrix,只要 Hystrix 在项目中,使用 Feign 就会默认使用熔断器处理所有的请求。下面来具体实现容错回退。

在 2.3.1 节中的示例 11~示例 16 的基础上添加容错处理。首先在项目 dm-user-consumer 的 UserFeignClient 接口中使用@FeignClient 注解的 fallback 属性指定容错处理类,如示例 26 所示。

示例 26

```
@FeignClient(name = "dm-user-provider",fallback = UserFeignClientFallBack.class)
public interface UserFeignClient {
    @RequestMapping(value = "/login",method = RequestMethod.GET)
    public String login();
}
```

接着需要在 dm-user-consumer 中创建对应的容错处理类，名称需要和接口中 fallback 指定的一致，并且容错处理类需要实现 UserFeignClient 接口，如示例 27 所示。

示例 27

```
@Component
public class UserFeignClientFallBack implements UserFeignClient {
    @Override
    public String login() {
        return "服务异常，请稍后再尝试登录";
    }
}
```

修改 dm-user-consumer 的配置文件 application.yml，添加配置，关键代码如示例 28 所示。

示例 28

```
server:
    port: 8080
spring:
    application:
        name: dm-user-consumer
eureka:
    client:
        service-url:
            defaultZone: http://root:123456@localhost:7776/eureka/
feign:
    hystrix:
        enabled: true
```

接下来分别启动 dm-eureka-server、dm-user-provider、dm-user-consumer 项目，访问 http://localhost:8080/login，可以获取正常结果，然后停止 dm-user-provider 服务，再次访问 login()方法，可以看到已经执行回退逻辑，如图 2.14 所示。

图2.14　熔断器处理逻辑

Hystrix实践"踩坑"记录

获取 Hystrix 面试必问问题解答请扫描二维码。

2.4.3　容错可视化监控

1. Feign 项目的监控

除了实现容错之外，Hystrix 还提供监控功能。每次请求的执行结果和运行指标都可以查看，这些数据对于监控分析系统非常有用。那么怎么开启 Feign 项目的 Hystrix 监控呢？

在 dm-user-consumer 项目的 pom.xml 文件中添加依赖，关键代码如示例 29 所示。

示例 29

```
<dependency>
    <groupId>org.springframework.boot</groupId>
    <artifactId>spring-boot-starter-actuator</artifactId>
</dependency>
<dependency>
    <groupId>org.springframework.cloud</groupId>
    <artifactId>spring-cloud-starter-hystrix</artifactId>
    <version>1.3.5.RELEASE</version>
</dependency>
```

在启动类上添加注解@EnableCircuitBreaker，重新启动服务。此时先访问接口 http://localhost:8080/login，再访问 /hystrix.stream 端点就可以查看监控数据了，/hystrix.stream 端点的地址为 http://localhost:8080/hystrix.stream，可以看到显示的监控数据如图 2.15 所示。

图2.15　请求监控数据

只有先访问服务中的任意接口，再访问/hystrix.stream 端点才会显示出对应接口的监控数据。如果不访问任何接口而是直接访问/hystrix.stream 端点，将会一直显示 Ping 命令，并不能显示出详细数据。

2. 使用 Hystrix Dashboard 实现可视化监控

前面对于 Hystrix 的监控是以文字形式展现的，分析的时候很不方便，Hystrix 提供了图形化、可视化的监控方案。

创建一个 Spring Boot 项目，指定 artifactId 为 dm-hystrix-dashboard。在 dm-hystrix-dashboard 项目的 pom.xml 文件中添加依赖，关键代码如示例 30 所示。

示例 30

```xml
<dependency>
    <groupId>org.springframework.cloud</groupId>
    <artifactId>spring-cloud-starter-hystrix</artifactId>
</dependency>
<dependency>
    <groupId>org.springframework.cloud</groupId>
    <artifactId>spring-cloud-starter-hystrix-dashboard</artifactId>
</dependency>
<dependency>
    <groupId>org.springframework.boot</groupId>
    <artifactId>spring-boot-starter-actuator</artifactId>
</dependency>
<dependencyManagement>
    <dependencies>
        <dependency>
            <groupId>org.springframework.cloud</groupId>
            <artifactId>spring-cloud-dependencies</artifactId>
            <version>Dalston.SR4</version>
            <type>pom</type>
            <scope>import</scope>
        </dependency>
    </dependencies>
</dependencyManagement>
```

在启动类上添加注解@EnableHystrixDashboard，修改配置文件 application.yml，设置服务端口为 8082。

注意

此处无需将 Hystrix Dashboard 服务注册到 Eureka Server 上，在实际开发中如果想要通过 Eureka Server 监测 Hystrix Dashboard 服务的运行状态，可以将其注册到 Eureka Server 中。

启动项目，访问 Hystrix Dashboard 主页地址 http://localhost:8082/hystrix，如图 2.16 所示。

在图 2.16 所示界面中箭头所指的 URL 处输入地址：http://localhost:8080/hystrix.stream，Title 可以自定义，例如填写 login，然后单击 Monitor Stream 按钮，就会进入数据监控界面，如图 2.17 所示。

第 2 章 Spring Cloud 初体验

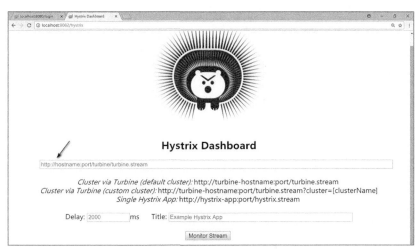

图2.16　Hystrix Dashboard主页

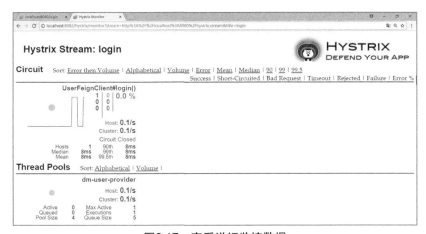

图2.17　查看详细监控数据

当访问 login 接口的时候，就会显示对应的记录，多次访问，记录数会不断增加，但过一段时间之后记录数会清零。

3. 使用 Turbine 监控多个微服务

前面讲过 Hystrix Dashboard 可以可视化监控微服务请求，但是每次只能查看单个微服务的监控数据，而微服务架构项目通常会包含多个微服务实例，如果想要查看各个微服务的监控数据，就要不断切换需要监控的地址，非常麻烦，那么该如何解决呢？通过 Turbine 可以同时监控多个微服务，即聚合监控。下面来具体实现。

修改 dm-user-provider 项目，增加 loginSecond 方法，如示例 31 所示。

示例 31

```
@RestController
public class UserService {
    @RequestMapping(value = "/login", method = RequestMethod.GET)
    public String login() throws Exception {
        return "用户登录验证";
```

```
        }
        @RequestMapping(value = "/loginSecond", method = RequestMethod.GET)
        public String loginSecond() throws Exception {
            return "用户登录验证 Second";
        }
    }
```

修改 dm-user-consumer 项目的 UserFeignClient 和 UserFeignClientFallBack 类，增加对应的 loginSecond 方法，关键代码如示例 32 和示例 33 所示。

示例 32

```
@FeignClient(name = "dm-user-provider",fallback = UserFeignClientFallBack.class)
public interface UserFeignClient {
    @RequestMapping(value = "/login",method = RequestMethod.GET)
    public String login();
    @RequestMapping(value = "/loginSecond",method = RequestMethod.GET)
    public String loginSecond();
}
```

示例 33

```
@Component
public class UserFeignClientFallBack implements UserFeignClient {
    @Override
    public String login() {
        return "服务异常，请稍后再尝试登录";
    }
    @Override
    public String loginSecond() {
        return "服务异常，请稍后再尝试登录";
    }
}
```

复制 dm-user-consumer 项目，修改其 artifactId 为 dm-user-consumer-second，同时在 application.yml 中修改 spring.application.name 和端口，关键代码如示例 34 所示。

示例 34

```
server:
    port: 8083
spring:
    application:
        name: dm-user-consumer-second
eureka:
    client:
        service-url:
            defaultZone: http://root:123456@localhost:7776/eureka/
feign:
    hystrix:
        enabled: true
```

修改 LoginController 类中的 login()方法，在此处调用接口的 loginSecond()方法，如示例 35 所示。

示例 35

```
@RestController
public class LoginController {
    @Autowired
    private UserFeignClient userFeignClient;
    @RequestMapping("/loginSecond")
    public String loginSecond() {
        return userFeignClient.loginSecond();
    }
}
```

创建一个新的 Spring Boot 项目，指定 artifactId 为 dm-turbine-server，在其 pom.xml 文件中添加相关依赖。关键代码如示例 36 所示。

示例 36

```
…
<dependency>
    <groupId>org.springframework.cloud</groupId>
    <artifactId>spring-cloud-starter-turbine</artifactId>
</dependency>
<dependency>
    <groupId>org.springframework.cloud</groupId>
    <artifactId>spring-cloud-starter-eureka</artifactId>
    <version>1.3.5.RELEASE</version>
</dependency>
<dependency>
    <groupId>org.springframework.boot</groupId>
    <artifactId>spring-boot-starter-actuator</artifactId>
</dependency>
…
<dependencyManagement>
    <dependencies>
        <dependency>
            <groupId>org.springframework.cloud</groupId>
            <artifactId>spring-cloud-dependencies</artifactId>
            <version>Dalston.SR4</version>
            <type>pom</type>
            <scope>import</scope>
        </dependency>
    </dependencies>
</dependencyManagement>
```

在启动类添加注解@EnableTurbine，修改配置文件 application.yml，关键代码如示例 37 所示。

示例 37

```
server:
    port: 8084
spring:
    application:
        name: dm-turbine-server
eureka:
    client:
        service-url:
            defaultZone: http://root:123456@localhost:7776/eureka/
    instance:
        prefer-ip-address: true
turbine:
    cluster-name-expression: " 'default' "
    combine-host-port: true
    app-config: dm-user-consumer,dm-user-consumer-second
```

> 注意
>
> 配置文件中的 cluster-name-expression 属性值需要使用双引号嵌套单引号。

通过以上配置，Turbine 会在 Eureka Server 中找到 dm-user-consumer 和 dm-user-consumer-second 两个微服务，并将它们的监控数据整合到一起。依次启动项目 dm-eureka-server、dm-user-provider、dm-user-consumer、dm-user-consumer-second、dm-turbine-server、dm-hystrix-dashboard。

访问 http://localhost:8080/login，让 dm-user-consumer 产生监控数据。

访问 http://localhost:8083/loginSecond，让 dm-user-consumer-second 产生监控数据。

访问 Hystrix Dashboard 主页 http://localhost:8082/hystrix，在 URL 栏中填写：http://localhost:8084/turbine.stream，然后指定 title，单击 Monitor Stream 按钮，查看监控结果，如图 2.18 所示。

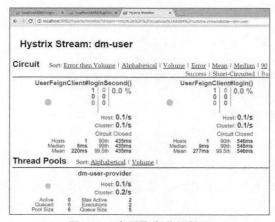

图 2.18　查看聚合监控数据

技能训练

上机练习 3——在上机练习 2 的基础上为项目增加容错处理，并实现可视化监控。

需求说明

在完成上机练习 2 的前提下，搭建可视化监控服务，访问接口产生请求数据，然后在可视化监控页面查看监控数据。

本章总结

- Spring Cloud 是一个综合的项目体系，里面包含了很多便于搭建分布式服务框架的组件，使用 Spring Cloud 尤其要注意和 Spring Boot 的版本兼容问题。
- Eureka 能够帮助实现整个分布式架构的最基础服务——服务注册与发现，微服务一般都会注册到 Eureka Server 中。
- Feign 提供了一种微服务调用的简化方案，能够方便地发起请求，并且请求可以包含各种类型的参数，以满足各类开发需求。
- Hystrix 是熔断器机制的容错方案，与 Spring Cloud 项目的集成非常简单，提供强大且灵活的容错处理机制。

本章作业

基于 Eureka+Feign+Hystrix 搭建大觅网项目架构。

第 3 章

虚拟化技术 Docker+Jenkins

技能目标

- ❖ 了解 Docker 相关概念
- ❖ 掌握 Docker 镜像、容器相关命令
- ❖ 理解 Dockerfile，并使用 Dockerfile 创建镜像
- ❖ 掌握 docker compose 的使用
- ❖ 掌握 Jenkins 的搭建、配置和使用
- ❖ 掌握使用 Docker +Jenkins 实现 CI

本章任务

学习本章内容，需要完成以下 4 个工作任务。记录学习过程中遇到的问题，可以通过自己的努力或访问 ekgc.cn 解决。

任务 1：安装 Docker
任务 2：使用 Docker 命令管理 Docker
任务 3：使用 docker compose 管理 Docker
任务 4：使用 Docker+Jenkins 实现 CI

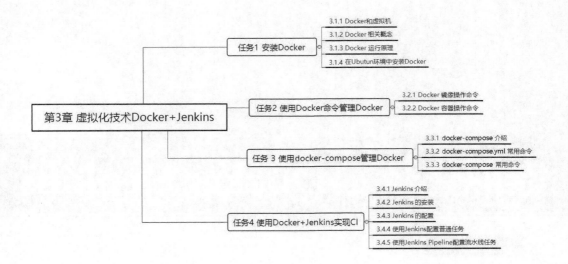

任务 1 安装 Docker

Docker 是一个开源的容器引擎，基于 GO 语言开发，遵循 Apache 2.0 协议开源。简单地讲，Docker 可以把一台服务器隔离成一个个的容器，这里可以将容器理解为一种沙箱。每个容器内运行一个应用，不同的容器间相互隔离。容器的创建和停止都十分快速（秒级），容器自身对资源的需求也十分有限，远比虚拟机本身占用的资源少。Docker 图标如图 3.1 所示。

图3.1 Docker图标

3.1.1 Docker 和虚拟机

虽然 Docker 和虚拟机有很多相似之处，但是 Docker 和虚拟机之间有着本质上的区别。如图 3.2 所示为虚拟机实际运行的架构图。从图中可以看出，虚拟机基于六层结构运行。六层结构包括硬件层、宿主机操作系统层、虚拟机系统层（如 Vmware）、虚拟机操作系统层、应用程序依赖层、应用程序层。而 Docker 实际运行的结构（如图 3.3 所示）为五层，分别为硬件层、宿主机操作系统层、Daemon 层、应用程序依赖层、应用程序层。从图 3.3 中可以看出，Docker 运行机制中使用 Daemon 层完成了对虚拟机结构中虚拟机系统层+虚拟机操作系统层的简化。

Docker Daemon 是 Docker 运行的核心。Daemon 可以共享宿主机操作系统内核，并对宿主机空间进行隔离，形成一个个独立的容器。每个容器看起来像是一个独立的服务器，可以有自己独立的应用程序、进程、空间等。

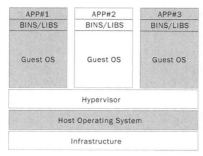
图3.2　虚拟机架构图

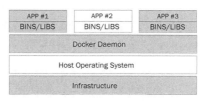
图3.3　Docker架构图

3.1.2 Docker 相关概念

1. Docker Container

Docker Container（容器）即 Docker 将宿主机隔开的一个个独立空间。在容器内部可以像操作普通系统一样操作容器。容器完全使用沙箱机制，相互之间不会有任何接口，几乎没有性能开销，可以很容易地在机器和数据中心中运行。最重要的是，容器不依赖于任何语言、框架（包括系统）。在日常的应用中，通常会利用 Docker 将一个服务器创建为一系列的容器，使得整个服务器像集群一样运行。

2. Docker Image

Docker Image（镜像）可以看作是一个特殊的文件系统，即对某一时刻容器状态的备份。镜像不包含任何动态数据，其内容在构建之后不会被改变。比如在一个容器内安装了 JDK 环境，为了更好地复用，可以将此容器打包成镜像。利用该镜像就可以还原当初的容器状态，也可以生成更多容器。大觅网项目的部分镜像列表如图 3.4 所示。

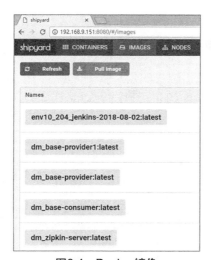
图3.4　Docker镜像

3. Docker Registry

Docker Registry（记录中心）是 Docker 官方及一些第三方机构（比如阿里、腾讯）为了方便开发者更轻松地开发 Docker 环境，将一些常用的容器打包成为镜像（如 JDK

镜像、Tomcat 镜像、Nginx 镜像等）提供出来。开发者可以直接从 Registry 上下载这些镜像，镜像启动之后便可以成为本地容器。

4．Docker 容器网络 IP

在 Docker 中，共有四种网络模式：

- host 模式，使用--net=host 指定；
- container 模式，使用--net=container:NAME 或 ID 指定；
- none 模式，使用--net=none 指定；
- bridge 模式，使用--net=bridge 指定，默认设置。

bridge 模式是 Docker 默认的网络设置，此模式会为每一个容器分配一个未占用的 IP 使用，如果容器停止，重新启动后 IP 会重新分配，很可能与之前的 IP 不同。在实际工作中，服务一般需要固定的 IP，所以在使用 Docker 的时候通常会为每个容器设置固定的 IP。如果需要启动的 Docker 容器比较多，就要提前规划好 IP 设置，确保需要通信的 Docker 容器在相同的网段，一般考虑到扩展性还会预留一些 IP 以供未来使用。

5．Docker 端口映射

端口映射为 Docker 容器特别重要的一个概念。容器由于自身的隔离性，使得外界没有办法访问容器内部的服务（如在容器中启动 Tomcat，外界是无法直接访问到该 Tomcat 的）。Docker 端口的映射机制，可以将容器内部端口映射到宿主机，用户通过访问宿主机端口即可实现对容器的访问。3.2.2 节中生成容器时的-p 参数就用来指定容器对宿主机的端口映射。

6．Docker 集群

Docker 集群就是使用多个 Docker 运行相同的程序，提供相同的服务，从而提高该模块的负载能力。

3.1.3 Docker 运行原理

Docker 在实际运行过程中的运行原理如图 3.5 所示。Client 代表操作用户，Docker_Host 代表安装有 Docker 的宿主机，Registry 代表 Docker 官方或第三方记录中心。操作用户可以利用 Docker 客户端完成以下操作。

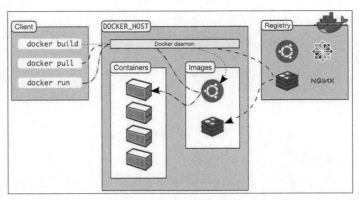

图3.5 Docker运行原理

- 通过客户端从 Registry 下载（pull）镜像。
- 运行（run）本地镜像，成为容器。
- 将本地容器打包（commit）成新的镜像。

以上所有操作都是通过 Docker Daemon 完成的，Docker Daemon 为 Docker 运行的核心。

3.1.4 在 Ubuntu 环境中安装 Docker

目前 Docker 官方提供 Ubuntu、CentOS、Windows、MacOS 操作系统的安装包。本书以 Ubuntu16.04.3 版本为例，安装 Docker 应用。Docker 安装步骤比较简单，主要包括以下两个步骤。

（1）获取 Docker 的安装包并安装。

安装本地自带的版本：

apt-get install -y docker.io

（2）启动 Docker 后台服务。

sudo service docker start

安装并启动完成后可以使用以下命令查看当前 Docker 版本。

docker --version

任务 2 使用 Docker 命令管理 Docker

3.2.1 Docker 镜像操作命令

开发者在装有 Docker 的机器上可以使用命令进行镜像的管理。

1. 查看镜像

用户可以查看本地镜像列表。

命令

docker images

结果如图 3.6 所示。其中，IMAGE ID 为镜像的唯一标识。后续很多镜像相关操作都是基于 IMAGE ID 或镜像名称进行的。

```
root@px2-Wenxiang-E620:/home/px2# docker images
REPOSITORY                      TAG         IMAGE ID        CREATED          SIZE
luatestimages                   latest      a61a6152430f    3 weeks ago      2.03 GB
mycat                           v2          693759b718c7    3 weeks ago      1.75 GB
rabbitmqtest13                  latest      7002bd45191a    4 weeks ago      2.79 GB
elasticsearch                   latest      3ce4d606d0f8    4 weeks ago      2.2 GB
dm-zhzbin                       v1          c942660caf4b    4 months ago     920 MB
pd-node-dm                      latest      03b425a49f17    6 months ago     920 MB
hello_world                     latest      77bfc039ea05    6 months ago     204 MB
tomcat                          latest      a92c139758db    6 months ago     558 MB
nginx                           latest      3f8a4339aadd    7 months ago     108 MB
yi/centos7-zookeeper3.4.11      latest      4e544c49301a    7 months ago     1.95 GB
yi/centos7-nexus                latest      ba89f9097bb1    7 months ago     1.97 GB
yi/centos7-ssh-tengine-local    latest      2f61a8cee46b    7 months ago     802 MB
yi/centos7-jenkins              latest      cee0ac8bf3e8    8 months ago     2.47 GB
yi/centos7-dubboadmin284        latest      3316b7bbffad    8 months ago     1.94 GB
yi/centos7-redis                latest      61f6a652dc3a    8 months ago     845 MB
mysql-container-hl              latest      4149b6b54c05    8 months ago     5.37 GB
```

图3.6 查看本地镜像

2. 搜索镜像

用户也可以从 Registry 上搜索想要使用的镜像。

命令

docker search　镜像关键词

例如，搜索 hello-world 镜像，如图 3.7 所示，搜索结果从左到右分别为镜像名称、描述、评分等。

```
root@px2-PowerEdge-R410:~# docker search hello-world
NAME                                      DESCRIPTION                                      STARS   OFFICIAL   AUTOMATED
hello-world                               Hello World! (an example of minimal Docker...   612     [OK]
kitematic/hello-world-nginx               A light-weight nginx container that demons...   107
tutum/hello-world                         Image to test docker deployments. Has Apac...   53                 [OK]
dockercloud/hello-world                   Hello World!                                     14                 [OK]
hypriot/armhf-hello-world                 Hello World! (an example of minimal Docker...   6
crccheck/hello-world                      Hello World web server in under 2.5 MB           5                  [OK]
marcells/aspnet-hello-world               ASP.NET vNext - Hello World                      5                  [OK]
armhf/hello-world                         Hello World! (an example of minimal Docker...   5
bonomat/nodejs-hello-world                a simple nodejs hello world container            3                  [OK]
carinamarina/hello-world-app              This is a sample Python web application, r...   1                  [OK]
hello-seattle                             Hello from DockerCon 2016 (Seattle)!             1       [OK]
ppc64le/hello-world                       Hello World! (an example of minimal Docker...   1
ansibleplaybookbundle/hello-world-apb     An APB which deploys a sample Hello World!...   0                  [OK]
gscrivano/hello-world                     hello world example system container             0                  [OK]
ansibleplaybookbundle/hello-world-db-apb  An APB which deploys a sample Hello World!...   0                  [OK]
infrastructureascode/hello-world          A tiny "Hello World" web server with a hea...   0                  [OK]
s390x/hello-world                         Hello World! (an example of minimal Docker...   0
burdz/hello-world-k8s                     To provide a simple webserver that can hav...   0                  [OK]
kevindockercompany/hello-world                                                             0
markmnei/hello-world-java                 Automated build of Hello World Java              0                  [OK]
arm32v7/hello-world                       Hello World! (an example of minimal Docker...   0
```

图3.7　从Registry搜索远程镜像

3. 拉取镜像

用户搜索出镜像后，可以对线上镜像进行拉取。

命令

docker pull [OPTIONS] NAME[:TAG|@DIGEST]

用户利用搜索出来的镜像名称可以拉取线上镜像成为本地镜像，如图 3.8 所示。拉取后可以使用命令"docker images|grep 镜像关键词"进行本地镜像搜索，查看镜像是否拉取成功。

```
root@px2-PowerEdge-R410:~# docker pull hello-world
Using default tag: latest
latest: Pulling from library/hello-world
9db2ca6ccae0: Pull complete
Digest: sha256:4b8ff392a12ed9ea17784bd3c9a8b1fa3299cac44aca35a85c90c5e3c7afacdc
Status: Downloaded newer image for hello-world:latest
root@px2-PowerEdge-R410:~# docker images|grep hello-world
hello-world                    latest                    2cb0d9787c4d
```

图3.8　从Registry拉取hello-world镜像

> **注意**
>
> 用户可以修改 Registry 地址（具体方法可自行查阅），如果不对 Registry 地址做修改，默认是从 Docker 官方的 Docker Hub 上拉取镜像。

4. 删除镜像

用户可以对本地镜像进行删除。

命令

docker rmi 镜像 ID 或镜像名称

删除 hello-world 镜像，结果如图 3.9 所示（也可以使用镜像 ID 对镜像进行删除）。

```
root@px2-PowerEdge-R410:~# docker rmi hello-world
Untagged: hello-world:latest
Untagged: hello-world@sha256:4b8ff392a12ed9ea17784bd3c9a8b1fa3299cac44aca35a85c90c5e3c7afacdc
Deleted: sha256:2cb0d9787c4dd17ef9eb03e512923bc4db10add190d3f84af63b744e353a9b34
Deleted: sha256:ee83fc5847cb872324b8a1f5dbfd754255367f4280122b4e2d5aee17818e31f5
root@px2-PowerEdge-R410:~#
```

图3.9　删除镜像

5. 制作镜像

用户可以通过已有的镜像重新制作新的镜像。制作镜像涉及一个概念：Dockerfile。Dockerfile 就是一个告诉 Docker 制作镜像的每一步操作是什么的镜像。编写好 Dockerfile 后执行 docker build 命令，就可以生成镜像。

一个简单的 Dockerfile 内容如下：

FROM tomcat
MAINTAINER LEON-DU
COPY index.html /usr/tomcat/webapps/ROOT/
EXPOSE 8080/tcp

第一行代表依赖的基础镜像，第二行代表创建者的信息，第三行代表将本地的 index.html 文件复制到容器对应的/usr/tomcat/webapps/ROOT/目录下，第四行代表监听 8080 端口。

创建好 Dockerfile 后执行如下 docker build 命令，结果如图 3.10 所示。

docker build -t mytomcat

-t 后面标示要创建的镜像的名称，"."代表 Dockerfile 所在的路径为当前路径。

```
root@px2-PowerEdge-R410:/home/px2/temp# docker build -t mytomcat .
Sending build context to Docker daemon  2.56 kB
Step 1/4 : FROM yi/centos7-tomcat7
 ---> a30749e7a04e
Step 2/4 : MAINTAINER LEON
 ---> Running in 75d41c672ae9
 ---> 9f9bd1b0c3d1
Removing intermediate container 75d41c672ae9
Step 3/4 : COPY index.html /usr/tomcat/webapps/ROOT/
 ---> e6d6efcf5a9f
Removing intermediate container 298fe9ebfd55
Step 4/4 : EXPOSE 8080/tcp
 ---> Running in 606947a83332
 ---> 3147ba2a6db9
Removing intermediate container 606947a83332
Successfully built 3147ba2a6db9
root@px2-PowerEdge-R410:/home/px2/temp#
```

图3.10　根据Dockerfile创建镜像

3.2.2　Docker 容器操作命令

1. 生成容器

在本地有了镜像之后（默认安装 Docker 后，会自带初始镜像，可通过 docker images

命令查看），开发者就可以使用镜像生成容器了，具体命令如下。

docker run -d -p 8888:8080 --name tomcat-test tomcat

启动 tomcat 镜像成为容器，并将这个容器命名为：tomcat-test。启动后可以通过访问宿主机的 8888 端口访问容器内部服务，如图 3.11 所示。

```
root@px2-PowerEdge-R410:/home/px2# docker run -d -p 8888:8080 --name tomcat-test tomcat
84b01fb2b311df6aa4e55d4a13afc51e9f370e146162722d87e9e2475a805e2f
root@px2-PowerEdge-R410:/home/px2#
```

图3.11 生成tomcat容器

2．查看容器

容器生成后可以使用以下命令查看正在运行的容器。

docker ps|grep 容器关键词

查看所有（包括已停止）的容器可以使用以下命令。

docker ps -a|grep 容器关键词

3．进入容器

容器启动后，开发者可以进入容器内部执行相关命令，就和操作一台真实的服务器一样，命令如下。

docker exec -it 容器 ID/容器名称 /bin/bash

4．退出容器

如果已经进入到容器中，使用以下命令可以退出当前容器。

exit

5．停止容器

使用以下命令可以停止当前正在运行的容器。

docker stop 容器 ID/容器名称

6．启动容器

容器停止后，在宿主机命令行中输入以下命令，就可以重新运行容器。

docker start 容器 ID/容器名称

7．删除容器

容器停止后，依然存在于服务器内部，占有一定的空间。若想删除容器，需要使用以下命令（注意和删除镜像命令进行对比）。

docker rm 容器 ID/容器名称

8．复制文件

由于容器的空间相对隔离，改变容器中的文件就变得不是那么容易。使用以下命令可以复制宿主机文件到容器内部。

docker cp 宿主机目录及文件 容器名称:容器目录

9．为容器指定网络和固定 IP

默认的 bridge 模式下无法直接为容器设置固定 IP，若想要设置固定 IP，需要先创建自定义网络。创建自定义网络时需要指定 IP 网段，如 172.18.0.0/16，同时需要指定名称，如 evndm。命令如下。

docker network create --subnet=172.18.0.0/16 evndm

在启动容器的时候指定 IP 地址，命令如下。

docker run -it -d --net evndm --ip 172.18.0.1 --name mytomcat tomcat

可视化工具可以方便开发者对 Docker 应用进行管理，如管理镜像和容器。常见的 Docker 可视化管理工具有 DockerUI 和 Shipyard。这两套可视化管理工具都可以单独安装，具体安装步骤请自行查阅相关资料。

技能训练

上机练习 1——使用 Dockerfile 创建 CentOS、JDK 及 Tomcat 镜像

需求说明

通过提供的 Dockerfile 文件构建 CentOS、JDK 及 Tomcat 这几个基础镜像，在构建过程中注意 CentOS、JDK、Tomcat 对应的版本。

获取更多关于基础镜像的内容请扫描二维码。

基础镜像 Dockerfile文件

任务 3 使用 docker-compose 管理 Docker

在前文中，都是通过 Docker 命令来操作 Docker 镜像以及容器。每一个微服务架构系统通常会包含多个微服务，每个微服务又会部署多个容器实例，通过命令对每个容器进行构建、停止、启动会非常烦琐，而且效率非常低下，使用 docker-compose 可以高效地管理 Docker，避免上述问题。

3.3.1　docker-compose 介绍

docker-compose 是一个用于定义和运行多个 Docker 容器的应用，能够实现对 Docker 容器集群的快速编排，其前身是开源项目 Fig。

docker-compose 支持多个平台，本书讲解 Linux 系统下的安装，其他平台下的安装方式可查阅官方文档。

Linux 系统下安装 docker-compose 的步骤如下。

（1）访问 https://github.com/docker/compose/releases/，下载适应系统版本的 docker-compose 文件。

（2）将下载好的文件解压，通过以下命令为其添加执行权限，这样 docker-compose 就安装完成了。

chmod +x　docker-compose 解压目录

安装完成后，可以通过 docker-compose --version 命令查看版本信息，如图 3.12 所示。

```
root@px2-PowerEdge-R410:~# docker-compose --version
docker-compose version 1.8.0, build unknown
root@px2-PowerEdge-R410:~#
```

图3.12　查看docker-compose版本

docker-compose 安装完成后就可以使用它管理 Docker 了，具体包含以下操作。

（1）编写 Dockerfile 定义容器镜像，如果镜像已经存在，则可以省略。

（2）编写 docker-compose.yml 文件，定义各个容器服务的相关参数。

（3）使用 docker-compose 的相关命令去操作容器，如启动容器、停止容器、删除容器等。

有关 Dockerfile 的内容请参考 3.2.1 节，接下来开始介绍 docker-compose.yml 文件和 docker-compose 的相关命令。

3.3.2 docker-compose.yml 常用命令

docker-compose.yml 是 docker-compose 的默认模板文件，在该文件中可以定义容器的一系列参数。docker-compose.yml 有多种写法，总体来说分为 Version 1、Version 2、Version 3 三类，目前业内使用 Version 2 的最多，故本书讲解 Version 2 的常用命令。

1. version

version 命令用来指定当前 docker-compose.yml 遵循的版本格式，定义在 docker-compose.yml 文件的最起始位置。在大觅网项目中使用的是 Version 2 版本，具体写法如下：

    version: '2'

2. services

services 命令用来定义微服务名称。以大觅网项目为例，以下命令表示定义了以 discovery-eureka1、discovery-eureka2 为名称的两个容器，具体写法如下：

    services:
      #服务名称 1
      discovery-eureka1:
      #服务名称 2
      discovery-eureka2:

3. build

build 命令配置在具体微服务名称节点下，是配置构建时的选项，docker-compose 会通过它来自动构建镜像。build 的值可以指定为一个包含 Dockerfile 文件的路径，以大觅网项目为例，具体写法如下。

    services:
      discovery-eureka1:
        build: /home/px2/tools/dm/dm-discovery-eureka

4. mem_limit

mem_limit 命令可以限制 Docker 容器的内存大小，以大觅网项目为例，具体写法如下。

    services:
      discovery-eureka1:
        mem_limit: 512M

5. ports

ports 命令可以在启动容器时为容器添加映射端口，类似于 docker run -p 命令。以大觅网项目为例，具体写法如下。

```
services:
  discovery-eureka1:
    ports:
      - "7776:7776"
```

端口映射也可以使用数字，如果定义的端口小于 60，可能会产生解析错误，所以建议将端口映射指定为字符串。

6. networks

networks 命令可以为容器指定网络，以大觅网项目为例，具体写法如下。

```
networks:
  default:
    external:
      name: envdm
```

此处使用"default"命令加入已存在的网络，如果网络"evndm"不存在，则需要先创建，具体创建方法请参考 3.2.2 节。

docker-compose.yml 还有很多其他命令，限于篇幅原因，本书只介绍大觅网项目中用到的命令，对其他命令感兴趣的读者可以参考 Docker 官方文档。

3.3.3 docker-compose 常用命令

创建好 docker-compose.yml 文件后，就可以通过 docker-compose 相关命令来管理容器。下面来学习 docker-compose 的常用命令。

➢ build

build 命令可以构建容器镜像。具体写法如下：

```
docker-compose build 服务名称
```

如果命令后没有具体的服务名称，则构建 docker-compose.yml 中定义的所有服务镜像；如果命令后有具体的服务名称，则只单独构建对应的服务镜像。

➢ up

up 命令可以构建并启动容器。具体写法如下：

```
docker-compose up -d 服务名称
```

如果命令后没有具体的服务名称，则构建 docker-compose.yml 中定义的所有服务容器；如果命令后有具体的服务名称，则只单独构建对应的服务容器。如果之前没有执行过 build 命令构建镜像，则默认会先构建镜像，再创建并启动容器。

➢ down

down 命令可以停止并销毁容器。具体写法如下：

```
docker-compose down 服务名称
```

如果命令后没有具体的服务名称，则停止 docker-compose.yml 中定义的所有服务容器；如果命令后有具体的服务名称，则只单独停止对应的服务容器。

技能训练

上机练习 2——使用 Docker Compose 搭建大觅网服务环境

需求说明

编写 docker-compose.yml 文件，定义大觅网项目各个服务镜像和容器参数，使用 docker-compose up 命令构建镜像和启动容器。

获取更多有关大觅网环境设置的内容请扫描二维码。

docker-compose.yml文件

任务 4　使用 Docker+Jenkins 实现 CI

Jenkins 的配置过程中需要设置服务器地址，本书中的服务器地址均为 192.168.9.151，后文不再赘述。

3.4.1　Jenkins 介绍

在介绍 Jenkins 之前，首先了解一个概念 CI（Continuous Integration），也就是持续集成。持续集成指的是一种开发实践，即团队开发成员经常集成他们的工作，每次集成后都通过自动化构建服务来加以验证，从而尽快地发现集成错误。在大觅网项目的开发过程中，每当提交代码时，构建就会自动被触发。

Jenkins 是一种开源的自动化服务工具，基于 Java 开发。它可以用于与软件自动化构建、测试、部署等相关的所有任务，使软件的持续集成更加方便。

关于 Jenkins 的详细介绍请扫描二维码。

两分钟玩转 Jenkins

3.4.2　Jenkins 的安装

Jenkins 的安装需要具备以下先决条件。

➢ 256MB 内存，推荐 512MB 以上内存。

➢ 10GB 硬盘空间。

➢ Java 8 环境。

Jenkins 的安装非常简单，打开官网下载指定版本的 war 包程序即可，本书中使用的版本为 2.107.1。Jenkins 可以运行在各种平台，只需要有 Java 环境。启动 Jenkins 服务有两种方式。

1. 通过 Java 命令

运行以下 Java 命令可以直接启动 Jenkins 服务，同时指定服务的端口。

java -jar jenkins.war --httpPort=8080

2. 通过 Web 容器

将下载的 war 包文件放到 Web 服务器中运行。

本书使用第二种方式启动 Jenkins 服务，并且在 Linux 系统下使用 Tomcat7.0.85 作为 Web 服务器，对于 Tomcat 版本没有具体限制，只需支持 JDK8 即可。把 jenkins.war 放到 Tomcat 的 webapps 目录下，然后启动 Tomcat，启动成功后访问 Jenkins 项目，看到图 3.13 所示界面即代表 Jenkins 启动成功。

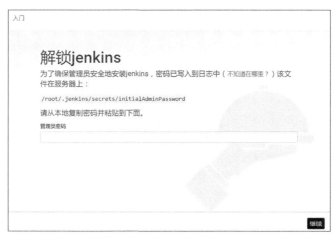

图3.13　Jenkins解锁界面

首次访问 Jenkins 需要解锁，Jenkins 会提示解锁密码的存放位置，不同平台的存放位置按照提示寻找即可。从图 3.13 可知，Linux 系统下的解锁密码存放在 /root/.jenkins/secrets/initialAdminPassword 文件中。打开 initialAdminPassword 文件，复制密码，如图 3.14 所示。

图3.14　获取Jenkins解锁密码

将复制的密码填入到解锁界面，并单击"继续"按钮，接下来会进入等待界面，如果网络没有问题，会很快显示安装插件的界面，如图 3.15 所示。

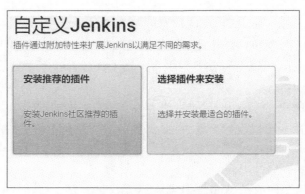

图3.15 安装Jenkins插件

单击"安装推荐的插件"就会自动下载，推荐的插件不一定全部需要，推荐选择插件安装，具体安装哪些插件请参考 3.4.3 节。如果网络无法连接插件服务，会在等待一段时间后进入离线提示界面，然后单击"跳过插件安装"即可，在安装完成后，再进行插件的安装。接下来会提示创建第一个管理员用户，输入用户名和密码等信息，单击"保存并完成"按钮，如图 3.16 所示。然后单击"开始使用 Jenkins"按钮即可进入 Jenkins 管理主界面。

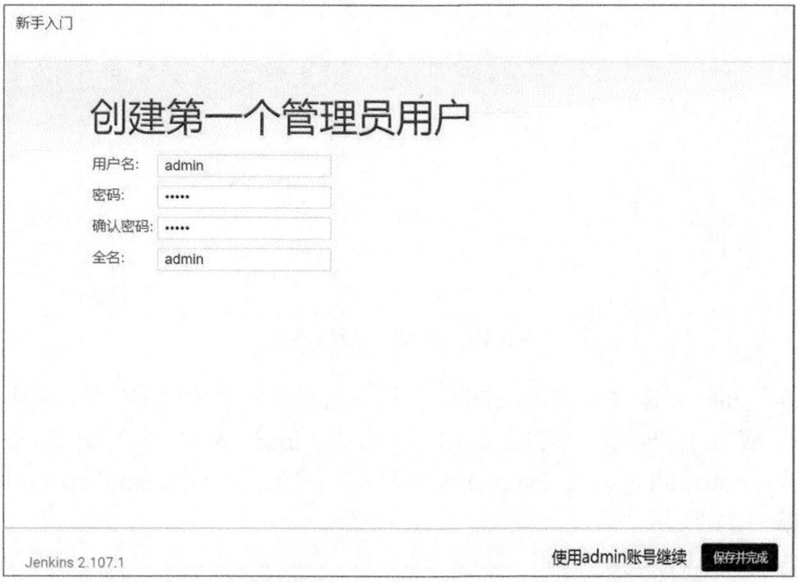

图3.16 创建Jenkins用户

3.4.3　Jenkins 的配置

1. 下载插件

需要下载的插件包括 Maven、Git、SSH 等。单击左侧选项卡"系统管理"→"管理插件"进入到插件安装界面，选择"可选插件"选项卡，如图 3.17 所示。

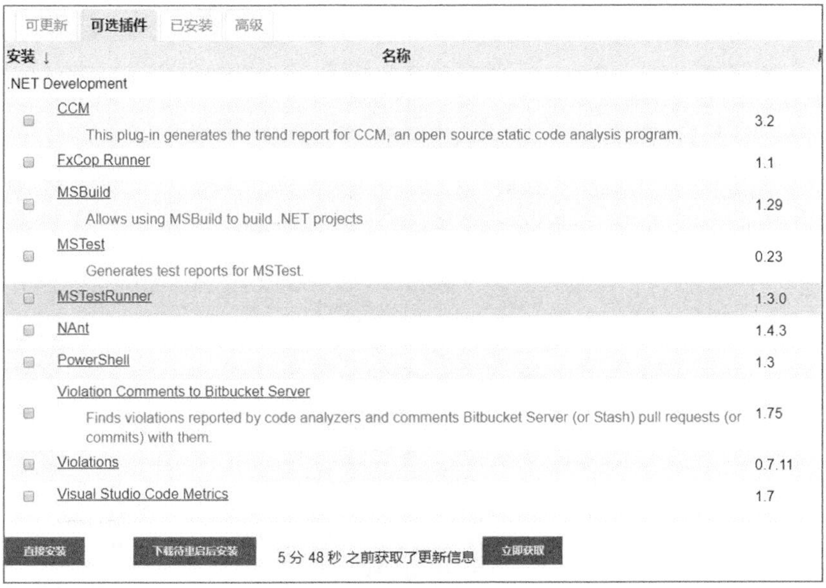

第 3 章 虚拟化技术 Docker+Jenkins

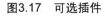

图3.17　可选插件

注意

如果可选插件界面显示为空白，没有任何插件信息，则代表地址无法访问，需要替换为可用的镜像地址。单击"高级"选项卡，选择下方升级站点，将默认的 URL 地址改为 https://mirrors.tuna.tsinghua.edu.cn/jenkins/updates/stable-2.89/update-center.json。

在搜索框中分别搜索 maven、git、ssh，如图 3.18、图 3.19、图 3.20 所示选择插件，单击"直接安装"按钮，等待安装完成即可。安装完成后的界面如图 3.21 所示。

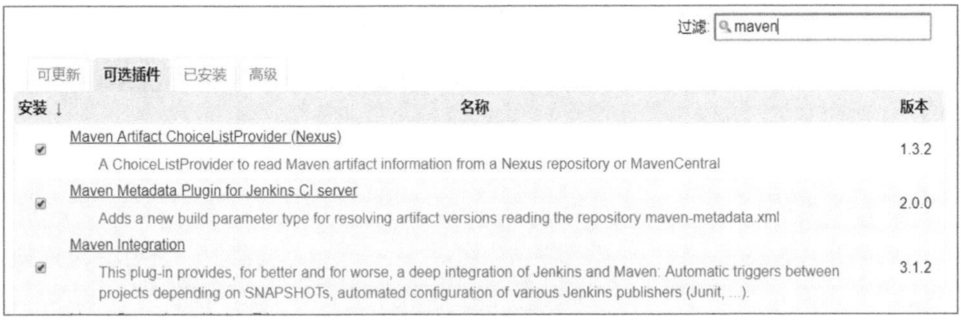

图3.18　Maven插件

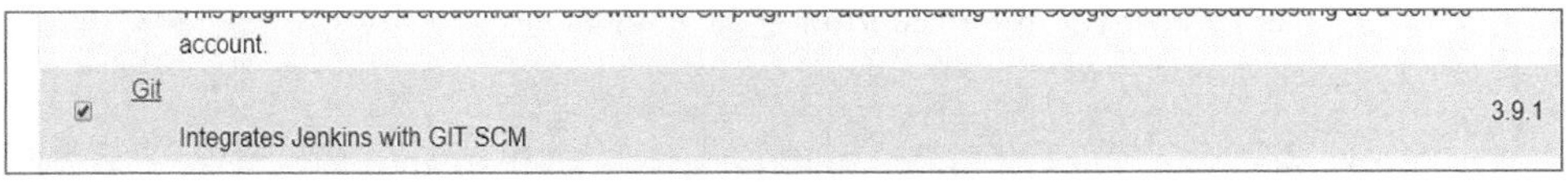

图3.19　Git插件

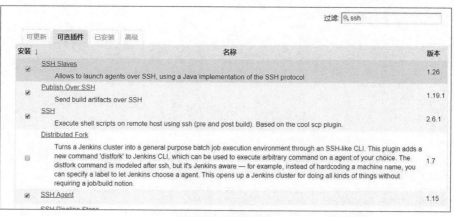

图3.20　SSH插件

图3.21　插件安装成功

> **注意**
>
> Maven、Git、SSH 的相关插件有很多，只需要选中图 3.18、图 3.19、图 3.20 中的插件，其余插件会自行下载。

2. 系统设置

在本书中，Jenkins 服务和大觅网项目服务并不在同一台机器上，需要设置连接远程服务器信息。单击左侧选项卡"系统管理"→"系统设置"，进入界面后在 SSH 节点，单击"添加"，输入远程服务器的别名、地址、用户名、远程连接目录等信息，单击"高级"按钮，勾选 Use password authentication 选项，输入远程服务器登录密码，如图 3.22 所示。

其中，Name 为远程服务器的别名，可以自由定义，Hostname 为远程服务器的地址，Username 为登录用户名，Remote Directory 为远程连接目录。单击下方 Test Configuration 按钮，显示 Success 代表连接成功，单击"保存"按钮退出。

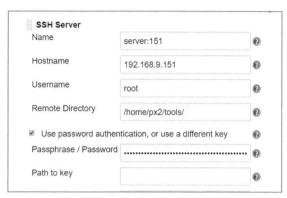

图3.22 远程连接配置

 提示

如果是在同一台机器运行 Jenkins 服务和大觅网项目服务，则不用配置远程服务器信息。

3．全局工具配置

（1）配置 Maven

下载 Maven 包，本书使用 3.5.2 版本，将其解压至 Jenkins 所在服务器的/usr/local/目录下。解压后将/usr/local/apache-maven-3.5.2/conf 目录下的 settings.xml 文件复制到/root/.m2 目录下，如果没有.m2 文件夹，则需要手动创建。复制完成后单击左侧选项卡"系统管理"→"全局工具配置"，指定 Maven 的配置文件地址，如图 3.23 所示。

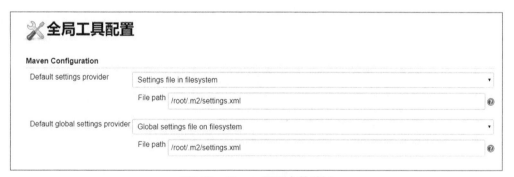

图3.23 Maven配置文件地址

 注意

在 settings.xml 文件中，需要设定自己的 Maven 仓库地址和本地仓库地址，对 settings.xml 文件的存放地址不做限制，只要和图 3.23 中的路径配置一致即可。

在 Maven 节点单击"Maven 安装"按钮，指定 Maven 的安装地址，如图 3.24 所示，单击"保存"按钮保存配置。

图3.24 配置Maven目录地址

（2）配置JDK

在 Jenkins 所在服务器上安装 JDK，具体安装方式此处不再赘述。在全局工具配置中选择 JDK 节点，单击"JDK 安装"按钮，输入别名和具体的 JDK 安装目录，如图 3.25 所示，单击"保存"按钮保存配置。

图3.25 配置JDK目录地址

技能训练

上机练习 3——在 Docker 容器中搭建 Jenkins 服务

需求说明

创建 Docker 容器并在容器中搭建 Jenkins 服务，按照 3.4.3 节内容完成 Jenkins 的插件安装和配置。

3.4.4 使用 Jenkins 配置普通任务

配置好 Jenkins 后就可以开始创建任务了。访问 Jenkins 主页，单击"新建任务"，输入任务名称并选择"构建一个 maven 项目"，如图 3.26 所示。

> **注意**
>
> 如果没有出现"构建一个 maven 项目"选项，是因为 maven 插件没有正确安装，需要检查插件是否安装成功，如果安装成功还无法显示，可以尝试重启 Jenkins 服务。

第 3 章 虚拟化技术 Docker+Jenkins

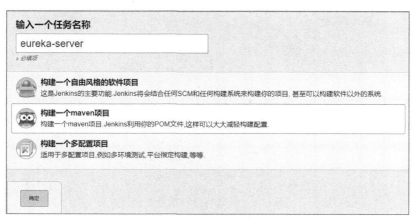

图3.26 创建任务

单击"确定"按钮进入配置界面，在项目名称下的描述节点中可以添加对任务的详细描述。选择"源码管理"节点，选中 Git，然后填入项目对应的仓库地址和对应的分支，如图 3.27 所示。

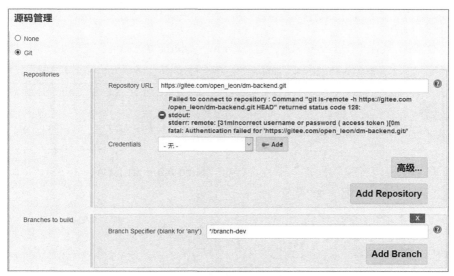

图3.27 配置Git仓库

此时因为没有配置 Git 账户信息，所以显示连接仓库失败。单击 Credentials 右边的 Add 按钮，选择 Jenkins，在新打开的窗口中添加 Git 仓库用户信息。然后再回到配置界面，选择刚才创建的用户，错误提示会消失。

接下来构建触发器节点，选中 Poll SCM，代表定时检查源码变更（根据 SCM 软件的版本号），如果有更新就下载最新源码，然后执行构建动作。这里配置为：*/1 * * * *，即每分钟检查一次源码变化，如图 3.28 所示。

接下来选中 Build 节点，填写项目的 pom.xml 文件的地址和想要执行的 maven 命令，如图 3.29 所示。

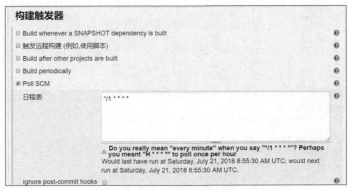

图3.28 配置每分钟检查更新

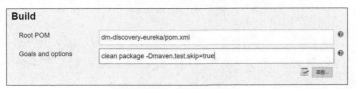

图3.29 配置maven编译

 注意

这里的 Root POM 路径有默认前缀/root/.jenkins/workspace/，是 Jenkins 通过 Git 命令下载项目后的保存地址，所以只需要填写"项目名称/pom.xml"即可。

经验

root 目录下的 .jenkins 文件夹是隐藏文件夹，可能无法看到，直接访问即可。

继续向下选择"构建后操作"节点，选择"Send build artifacts over SSH"，配置通过 SSH 远程上传文件，如图 3.30 所示。

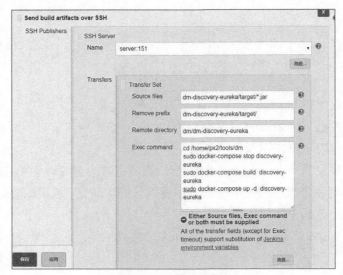

图3.30 配置SSH操作

- Source files 是想要上传的文件，此处选择 Maven 编译后的 jar 包，路径是相对路径（相对默认的环境目录，可以在系统设置里查看）。
- Remove prefix 是需要过滤的目录路径，此处代表只上传.jar 文件，而不会上传 dm-discovery-eureka\target 目录。
- Remote directory 是想要上传的远程服务器的目录地址，此处的地址有默认前缀，就是图 3.22 中填写的 Remote Directory 地址。图 3.30 所示代表配置后 jar 文件会上传到 server:151 服务器的/home/px2/tools/dm/dm-discovery-eureka 目录下。

依次单击"应用"和"保存"按钮，然后在界面中单击"立即构建"按钮，会自动进行项目构建，构建完成后如图 3.31 所示。

图3.31　项目构建完成界面

在构建历史中，将鼠标指针放到某次构建记录右侧，待出现向下箭头后单击鼠标左键，可以查看日志，如图 3.32 所示。

图3.32　查看控制台日志

整个控制台日志输出过程中，若 Maven 项目编译成功，会打印信息 BUILD SUCCESS。接下来是执行 sh 脚本，进行 Docker 容器的创建，最终打印信息 Finished: SUCCESS，表示构建成功，如果构建失败，会打印信息 Finished: FAILURE。

经验

若构建失败，则要仔细查看输出的错误信息，一般根据报错信息就可以定位错误问题。

控制台输出有可能会出现中文乱码,解决方式如下:在 Tomcat 的 server.xml 文件中修改配置,增加 URIEncoding="UTF-8",如下:

    <Connector port="8080" protocol="HTTP/1.1"
      connectionTimeout="20000"
      redirectPort="8443" URIEncoding="UTF-8"/>

然后重启 Tomcat 即可正常显示中文信息。

任务配置完成后,如果向 Git 仓库中提交了代码更新,一分钟后 Jenkins 将会检测到并自动执行整个构建任务,也可以单击"立即构建"立即执行。

3.4.5 使用 Jenkins Pipeline 配置流水线任务

1. Pipeline 介绍及插件安装

Jenkins Pipeline 是一套插件,支持连续输送任务到 Jenkins。单击左侧选项卡"系统管理"→"管理插件",在右上方搜索框中搜索:Pipeline,然后选中 Pipeline 并单击"直接安装"按钮,如图 3.33 所示。

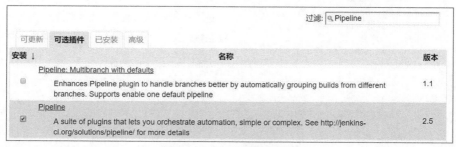

图3.33　安装Pipeline插件

2. 构建 Pipeline 任务

在 Jenkins 中重新创建任务,此时可以选择"流水线",填入任务名称。单击"确定"按钮,进入 Pipeline 任务配置界面,此处和创建普通任务有所不同,需要在脚本框中输入以下内容:

    node{
        stage('任务名称一') {
        }
    }

node 代表一个完成的操作模块,stage('任务名称一')会在构建界面显示标题名称"任务名称一",名称可以随意改变。在 stage 中需要填写具体执行构建的脚本。

流水线脚本需要按照流水线的语法来书写。想要了解流水线语法,可单击页面中的"流水线语法"链接,会打开一个生成流水线脚本的页面,在页面的示例步骤中选择"git:Git",就可以在下方配置 Git 的仓库地址、分支、用户信息等,填写正确后单击"生成流水线脚本"按钮,如图 3.34 所示。复制方框中生成的脚本,放到之前的 stage 节点中即可。

图3.34　生成Git脚本

其他的脚本，比如切换目录、通过 SSH 远程上传文件等均可通过此工具页面生成，具体参数可以参考 3.4.4 节创建普通任务的配置，这里不再赘述。获取大觅网构建通用环境的流水线脚本，请扫描二维码。

大觅网通用环境流水线脚本

按照脚本配置完成后单击"保存"按钮保存脚本，然后单击"立即构建"，构建完成可以查看结果，如图 3.35 所示。

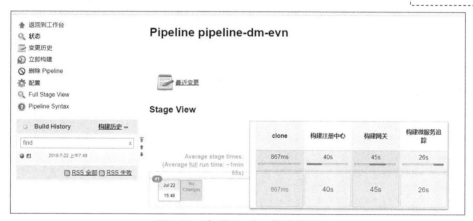

图3.35　查看Pipeline构建结果

技能训练

上机练习 4——在 Jenkins 中配置 Pipeline 任务并成功执行构建

需求说明

在 Jenkins 服务中配置 Pipeline 任务，要求依次构建 Eureka Server 容器服务、Zuul Gateway 容器服务、Sleuth Server 容器服务。

本章总结

- Docker 是和虚拟机类似的容器化技术，但二者的底层并不相同，Docker 比虚拟机更加轻便、快速。
- 可以通过镜像启动成为容器，镜像的获取有两种方式：Dockerfile 创建、仓库拉取。
- Docker 最多的运用就是对容器的使用，容器的创建、停止、删除等命令并不复杂，要注意启动容器的参数设置。
- 使用 docker-compose 可以快捷方便地批量管理 Docker 容器。
- Jenkins 可以实现自动化构建，极大地节省了工作量。普通任务简单灵活，Pipeline 任务适合多个任务间依赖关系比较大的情况，具体选择时可以结合实际业务灵活决定。

本章作业

1. 使用 docker-compose + Dockerfile 搭建大觅网项目基础环境。
2. 在 Jenkins 中配置大觅网项目 Pipeline 任务。

第 4 章

分布式日志处理

技能目标

❖ 掌握使用 Sleuth 实现微服务跟踪
❖ 掌握使用 ELK+Kafka 实现日志收集

本章任务

学习本章内容，需要完成以下 4 个工作任务。记录学习过程中遇到的问题，可以通过自己的努力或访问 ekgc.cn 解决。

任务 1：了解分布式架构下系统的监控问题
任务 2：使用 Sleuth 实现微服务跟踪
任务 3：搭建 ELK+Kafka 环境
任务 4：使用 ELK+Kafka 实现日志收集

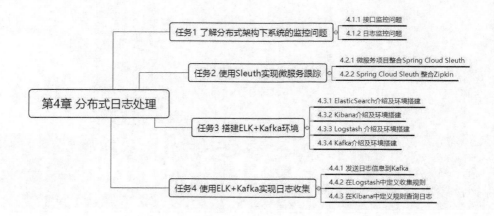

任务1 了解分布式架构下系统的监控问题

4.1.1 接口监控问题

使用分布式微服务架构的应用系统，一般会以业务的维度进行拆分，每个微服务应尽可能只提供同一类业务服务。以大觅网项目为例，按照业务可分为用户微服务、商品微服务、排期微服务、订单微服务、支付微服务和公共微服务。

在订单服务中有下单功能，下单过程中需要对商品信息、用户信息、排期信息进行校验，也就是说，需要分别调用商品微服务、用户微服务、排期微服务提供的接口下单。这样复杂的接口调用不仅容易造成系统的不稳定，而且一旦下单功能出现瓶颈，将很难得知具体是哪个服务接口调用导致的，这就需要对微服务接口调用进行跟踪监控。在 Spring Cloud 体系中已经有实现好的服务追踪解决方案 Sleuth，具体如何使用将在任务2中详细讲解。

4.1.2 日志监控问题

微服务跟踪能够分析接口调用的整个过程，帮助优化系统。解决了性能问题，还有日志监控问题。系统发生异常时通常会将异常信息保存在日志中，然后通过日志排查问题。在分布式微服务架构下，会有很多微服务，并且同一个微服务也会部署多个实例，这么多微服务部署在不同的机器上，日志会很分散，一旦出现问题，排查将会非常困难。在分布式架构下，日志收集方案也有很多，本章就以大觅网项目为例，讲解常用的 ELK+Kafka 方案，具体如何实现将在任务3、任务4中详细讲解。

任务2 使用 Sleuth 实现微服务跟踪

Spring Cloud Sleuth 是 Spring Cloud 的组成部分之一，为 Spring Cloud 应用提供一种

分布式跟踪解决方案。下面来讲解如何为之前的项目整合 Sleuth。

4.2.1 微服务项目整合 Spring Cloud Sleuth

在第 2 章示例 11～示例 16 的基础上整合 Spring Cloud Sleuth，分别给 dm-user-provider、dm-user-consumer 项目添加依赖，关键代码如示例 1 所示。

示例 1

```xml
<dependency>
    <groupId>org.springframework.cloud</groupId>
    <artifactId>spring-cloud-starter-sleuth</artifactId>
    <version>1.2.5.RELEASE</version>
</dependency>
```

然后修改 dm-user-consumer 项目的配置文件 application.yml，在其中设置日志级别为 info，关键代码如示例 2 所示。

示例 2

```yaml
server:
  port: 8080
spring:
  application:
    name: dm-user-consumer
eureka:
  client:
    service-url:
      defaultZone: http://root:123456@localhost:7776/eureka/
logging:
  level: info
```

依次运行项目 dm-eureka-server、dm-user-provider、dm-user-consumer，启动成功后，访问地址 http://localhost:8080/login，就可以在日志中看到跟踪信息，如图 4.1 所示。

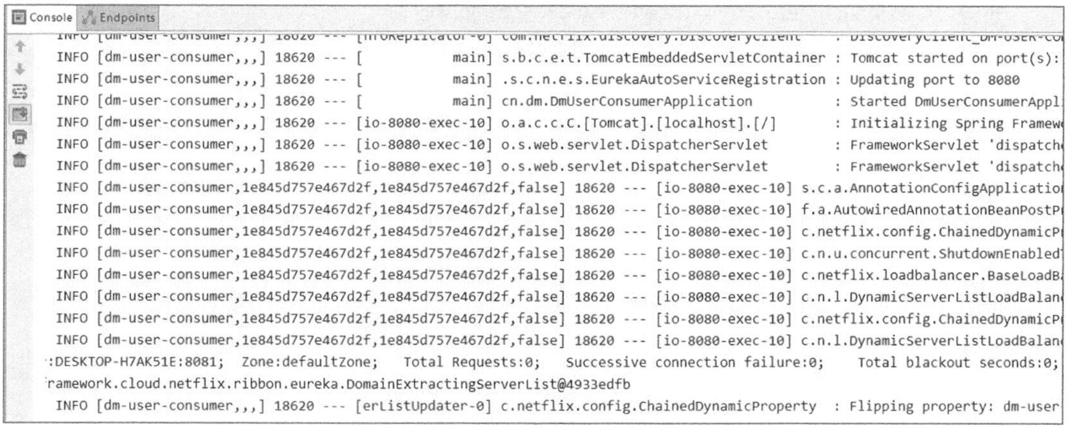

图4.1 微服务跟踪信息

4.2.2 Spring Cloud Sleuth 整合 Zipkin

1. Zipkin 介绍

通过前面的学习，我们已经可以在项目输出的日志中查看到监控的详细信息，但是信息非常多，查看起来很不方便。要想将收集到的数据友好地加以展现，可以使用 Sleuth 结合 Zipkin 实现。

Zipkin 是一款开源的分布式实时数据跟踪系统，基于 Google Dapper 的论文设计。其主要功能是收集系统的时序数据，用来跟踪微服务架构下的系统延时问题。Zipkin 还提供了一个非常友好的管理界面，可以查看服务之间调用的依赖关系、服务之间调用的耗时情况等，总之，可以一目了然地查看各个服务的性能状况。

2. 编写 Zipkin Server

创建一个 Spring Boot 项目，指定 artifactId 为 dm-sleuth-server，为其添加依赖，关键依赖如示例 3 所示。

示例 3

```
…
<dependency>
    <groupId>io.zipkin.java</groupId>
    <artifactId>zipkin-server</artifactId>
</dependency>
<dependency>
    <groupId>io.zipkin.java</groupId>
    <artifactId>zipkin-autoconfigure-ui</artifactId>
</dependency>
…
<dependencyManagement>
    <dependencies>
        <dependency>
            <groupId>org.springframework.cloud</groupId>
            <artifactId>spring-cloud-dependencies</artifactId>
            <version>Dalston.SR4</version>
            <type>pom</type>
            <scope>import</scope>
        </dependency>
    </dependencies>
</dependencyManagement>
```

然后在启动类上添加注解@EnableZipkinServer 并修改配置文件，指定端口为 7700。启动服务后访问地址 http://localhost:7700/，如图 4.2 所示。

页面中各选项的含义如下。

➢ Service Name 表示服务名称，对应配置文件中 spring.application.name 的值，在服务启动后会自动检测到，可以从下拉列表框中选取。

➢ Span Name 表示 Span 的名称，Span 是 Sleuth 中的基本工作单元。all 表示所有 Span。

- Start time 和 End time 表示起始时间和截止时间。
- Duration 表示持续时间，也就是 Span 从创建到关闭的时间。
- Limit 表示查询数据的数量。

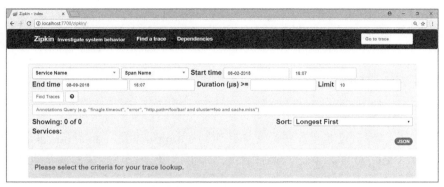

图4.2 Zipkin Server首页

3. 微服务整合 Zipkin

下面使用 4.2.1 节中的示例项目来整合 Zipkin，分别为项目 dm-user-consumer、dm-user-provider 添加依赖，关键依赖如示例 4 所示。

示例 4

```
…
<dependency>
    <groupId>org.springframework.cloud</groupId>
    <artifactId>spring-cloud-starter-sleuth</artifactId>
    <version>1.2.5.RELEASE</version>
</dependency>
<dependency>
    <groupId>org.springframework.cloud</groupId>
    <artifactId>spring-cloud-starter-zipkin</artifactId>
</dependency>
…
<dependencyManagement>
    <dependencies>
        <dependency>
            <groupId>org.springframework.cloud</groupId>
            <artifactId>spring-cloud-dependencies</artifactId>
            <version>Dalston.SR4</version>
            <type>pom</type>
            <scope>import</scope>
        </dependency>
    </dependencies>
</dependencyManagement>
```

修改 dm-user-consumer 的配置文件 application.yml，在其中指定 Zipkin Server 地址和采样率，关键代码如示例 5 所示。

示例 5

```
spring:
  application:
    name: dm-user-consumer
  zipkin:
    base-url: http://localhost:7700
  sleuth:
    sampler:
      percentage: 1.0
```

> **注意**
>
> 在开发、测试过程中，将配置文件中的 spring.sleuth.sampler.percentage 属性设置为 1.0，代表 100%采样，否则可能会忽略掉大量 span，看不到想要查看的请求。

修改 dm-user-provider 的配置文件 application.yml，同样在其中指定 Zipkin Server 地址和采样率，关键代码如示例 6 所示。

示例 6

```
spring:
  application:
    name: dm-user-provider
  zipkin:
    base-url: http://localhost:7700
  sleuth:
    sampler:
      percentage: 1.0
```

分别重新启动 dm-eureka-server、dm-sleuth-server、dm-user-provider、dm-user-consumer，然后多次重复访问地址 http://localhost:8080/login。此时在 Zipkin Server 的主页中填入时间等条件，单击 Find Traces 按钮，即可看到结果，如图 4.3 所示。

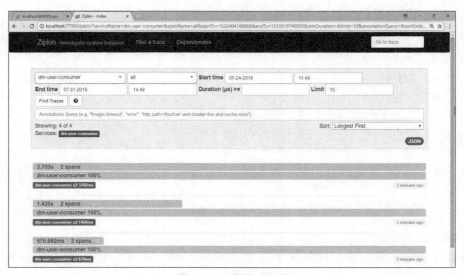

图4.3　跟踪接口调用

单击某一个 trace，可以查看详细信息，如图 4.4 所示。

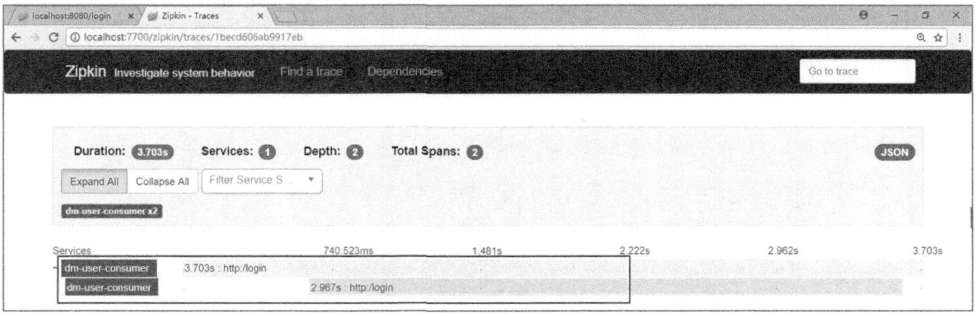

图4.4　查看单个跟踪信息

继续单击图 4.4 中方框所指处可以查看详细信息，如图 4.5 所示。

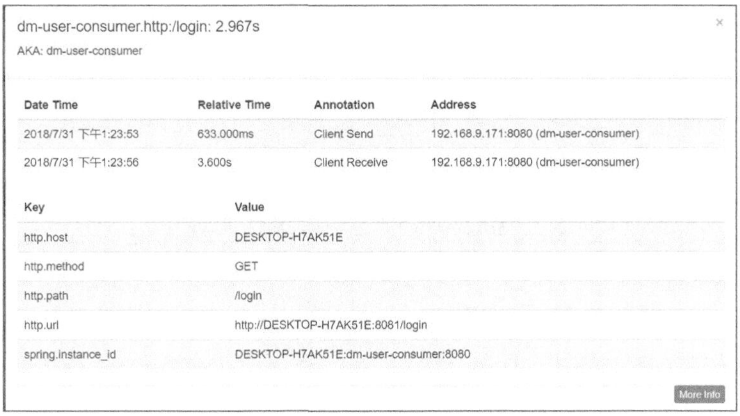

图4.5　查看详细跟踪信息

单击图 4.4 中页首的 Dependencies，可以查看依赖关系，如图 4.6 所示。

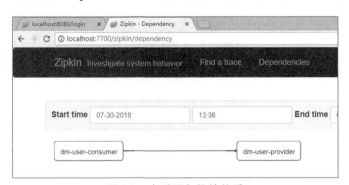

图4.6　查看服务依赖关系

4. 使用消息中间件收集数据

前面收集跟踪数据使用的是 HTTP 请求的方式，在每个微服务项目中都要配置 Zipkin Server 的地址，会给系统带来很大的耦合性，而且要保证 Zipkin Server 和每个微服务网络连接畅通，因为一旦网络出现问题就无法收集到跟踪数据。为了解决以上问题，引入消息中间件，先将需要收集的数据发送到消息中间件中，再由 Zipkin Server 从消息中间件中取出数据进行分析。这里以消息中间件 RabbitMQ 为例来演示。

（1）改造 Zipkin Server

在前文搭建的 dm-sleuth-server 项目中添加依赖，关键依赖如示例 7 所示。

示例 7

```xml
<dependency>
    <groupId>org.springframework.cloud</groupId>
    <artifactId>spring-cloud-sleuth-zipkin-stream</artifactId>
</dependency>
<dependency>
    <groupId>org.springframework.cloud</groupId>
    <artifactId>spring-cloud-stream-binder-rabbit</artifactId>
    <version>1.2.1.RELEASE</version>
</dependency>
<dependency>
    <groupId>io.zipkin.java</groupId>
    <artifactId>zipkin-autoconfigure-ui</artifactId>
</dependency>
```

修改启动类注解，将 @EnableZipkinServer 改为 @EnableZipkinStreamServer。修改配置文件，配置 RabbitMQ 的服务地址和账号等，关键代码如示例 8 所示。

示例 8

```yaml
server:
    port: 7700
spring:
    rabbitmq:
        host: 192.168.9.151
        port: 5672
        username: guest
        password: guest
```

（2）改造微服务项目

在 4.2.2 节中示例 4～示例 6 的项目 dm-user-consumer、dm-user-provider 基础上，分别修改其 pom.xml 文件中的依赖，关键代码如示例 9 所示。

示例 9

```xml
<dependency>
    <groupId>org.springframework.cloud</groupId>
    <artifactId>spring-cloud-starter-sleuth</artifactId>
    <version>1.2.5.RELEASE</version>
</dependency>
<dependency>
    <groupId>org.springframework.cloud</groupId>
    <artifactId>spring-cloud-sleuth-stream</artifactId>
</dependency>
<dependency>
```

```xml
<groupId>org.springframework.cloud</groupId>
<artifactId>spring-cloud-stream-binder-rabbit</artifactId>
<version>1.2.1.RELEASE</version>
</dependency>
```

分别修改 dm-user-consumer、dm-user-provider 项目的 application.yml 配置文件，删除其中如示例 10 所示的关于 Zipkin Server 地址的配置，然后添加关于 RabbitMQ 的配置，关键代码如示例 11 所示。

示例 10

```yaml
spring:
  zipkin:
    base-url: http://localhost:7700
```

示例 11

```yaml
spring:
  rabbitmq:
    host: 192.168.9.151
    port: 5672
    username: guest
    password: guest
```

修改完成，分别重新启动服务进行验证，发现和之前一样，可以跟踪到信息。

5. 存储跟踪数据

前面示例中的 Zipkin Server 是将数据保存在内存中，如果重启 Zipkin Server，会发现之前的数据都不能查看了，而在实际开发中需要将数据持久化存储。Zipkin Server 支持多种存储数据的方式，例如 MySQL、Elasticsearch 等，接下来将演示如何把数据存储到 MySQL 数据库中。

继续修改 Zipkin Server，首先在 dm-sleuth-server 项目的 pom.xml 文件中添加数据库相关依赖，关键代码如示例 12 所示。

示例 12

```xml
<dependency>
    <groupId>io.zipkin.java</groupId>
    <artifactId>zipkin-storage-mysql</artifactId>
    <version>1.16.2</version>
</dependency>
<dependency>
    <groupId>org.springframework.boot</groupId>
    <artifactId>spring-boot-starter-jdbc</artifactId>
</dependency>
<dependency>
    <groupId>mysql</groupId>
    <artifactId>mysql-connector-java</artifactId>
</dependency>
```

然后在 MySQL 中创建数据库 dm_zipkin，并根据需要创建相关表。Zipkin 官方提供了创建表的语句，下载并执行完该 SQL 文件后就会创建好需要的表。最后在配置文件中添加数据库参数并指定存储类型为 MySQL，关键代码如示例 13 所示。

示例 13

```
spring:
  datasource:
    url: jdbc:mysql://localhost:3306/dm_zipkin?useUnicode=true&characterEncoding=gbk
    &zeroDateTimeBehavior=convertToNull
    username: root
    password: 123456
    driver-class-name: com.mysql.jdbc.Driver
zipkin:
  storage:
    type: mysql
```

此时启动服务，访问 login()方法产生请求数据，然后访问 http://localhost:7700/，就可以看到请求跟踪数据。重启 Zipkin Server，再次访问，依然可以看到之前的数据。

技能训练

上机练习 1——使用 Sleuth 和 Zipkin 实现微服务跟踪

需求说明

在第 2 章 2.3.1 节示例 11~示例 16 的基础上为项目 dm-user-provider、dm-user-consumer 整合 Spring Cloud Sleuth。然后结合 Zipkin 进行查看分析，并使用 RabbitMQ 收集跟踪数据，使用 MySQL 存储跟踪数据。

提示

可参考示例 1~示例 13 实现。

Sleuth常见问题总结

获取更多关于 Sleuth 的内容请扫描二维码。

任务 3 搭建 ELK+Kafka 环境

ELK 是三个项目的简称，E 代表 Elasticsearch，L 代表 Logstash，K 代表 Kibana。ELK 是一套完整的日志解决方案，由 Logstash 进行数据的收集，把日志信息从各种渠道迁移进 Elasticsearch 保存，再通过 Kibana 提供的图形化界面进行分析查看。分布式系统生成的日志信息量非常庞大，在日志收集的时候需要满足非常高的吞吐量，而 Kafka 正好能够满足这样的需求。在实际开发中，Kafka 一般和 ELK 配合使用，首先将日志信息发送到 Kafka 中，然后由 Logstash 转存到 Elasticsearch 中，最后在 Kibana 中查看。接下来开始搭建环境，读者可按照书中步骤直接进行安装搭建，具体配置的含义在任务 4 中会详细讲解。

ELK+Kafka 可以运行在多个平台下。本书均以 CentOS7 为例，讲解在 Linux 系统下的安装和部署，下文中关于系统环境不再赘述。

4.3.1 Elasticsearch 介绍及环境搭建

1. Elasticsearch 介绍

讲到 Elasticsearch 就必须首先介绍一下 Lucene。Lucene 是采用 Java 语言开发，被认为是迄今为止最先进、性能最好、功能最全的搜索引擎库。但 Lucene 毕竟只是一个库。想要使用它，必须将其集成到具体的应用中。由于 Lucene 的专业性和复杂性，开发者在使用 Lucene 之前，必须要深入了解检索的相关知识，这就给基于 Lucene 的搜索引擎的开发工作带来了一定的难度。

Elasticsearch 也使用 Java 开发并使用 Lucene 作为其核心来实现所有索引和搜索功能，但是它通过简单的 RESTful API 隐藏了 Lucene 的复杂性，从而让全文搜索变得很简单。Elasticsearch 不仅仅只是支持 Lucene 和全文搜索，还可以从以下几个维度去描述它。

➢ 分布式实时全文搜索引擎：Elasticsearch 以文档的形式对数据记录进行存储，对每一个字段均可以检索。

➢ 分布式实时分析搜索引擎：Elasticsearch 提供了聚合（aggregations）功能，允许基于数据生成一些精细的分析结果。其聚合功能与 SQL 中的 GROUP BY 类似，但是功能更强大。

➢ 分布式实时大数据处理引擎：Elasticsearch 可以扩展到上百台服务器，处理 PB 量级的结构化或非结构化数据。

开发者可以通过简单的 RESTful API、各种语言的客户端甚至命令行与 Elasticsearch 交互，完成上述功能。

2. Elasticsearch 环境搭建

（1）下载 Elasticsearch 文件

从官网下载 Elasticsearch 6.2.4 版本，按图 4.7 中方框所示进行版本选择。

图4.7　选择版本

(2）下载 Elasticsearch 对应的 IK 分词器

访问 elasticsearch-analysis-ik 软件的 GitHub 托管地址，按图 4.8 所示步骤选择所需版本，单击 "Clone or download" → "Download ZIP" 下载 elasticsearch-analysis-ik 压缩包，如图 4.9 所示。

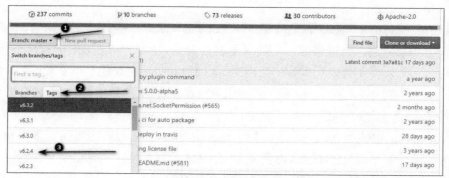

图4.8　选择分词器版本

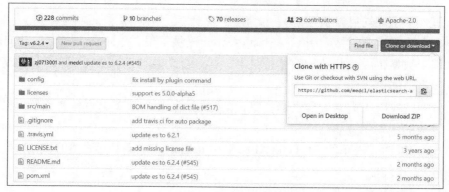

图4.9　下载分词器

(3）解压并配置 Elasticsearch

首先将下载的 elasticsearch-6.2.4.tar.gz 文件解压至/usr/local/目录，并将解压后的文件夹 elasticsearch-6.2.4 更名为 elasticsearch。然后进入 elasticsearch 下的 config 目录修改 elasticsearch.yml 文件，关键代码如示例 14 所示。

示例 14

```
#集群名称
cluster.name: elasticsearch-application
#集群端口
http.port: 9200
#节点 ip
network.host: 0.0.0.0
```

注意

network.host 的值不能为 127.0.0.1，否则除本机外，外部机器将无法连接 elasticsearch。

（4）解压并配置分词器

将下载的 elasticsearch-analysis-ik-6.2.4.zip 文件解压到/usr/local/ik 目录，然后在/usr/local/elasticsearch/plugins/目录下创建 analysis-ik 目录，并将解压后的 ik 目录下的文件拷贝至/usr/local/elasticsearch/plugins/analysis-ik 目录。

（5）配置启动 Elasticsearch 的用户

Elasticsearch 不能使用 root 用户进行启动，因此需要创建管理 Elasticsearch 的用户。使用以下命令创建 elsearch 用户组，并在 elsearch 组下创建名为 elsearch 的用户，设置密码为 elasticsearch。

```
groupadd elsearch
useradd elsearch -g elsearch -p elasticsearch
```

（6）为用户设置权限

使用以下命令为 elsearch 用户添加对 elasticsearch 目录的读写及执行权限，执行命令的结果如图 4.10 所示。

```
chown -R elsearch:elsearch    elasticsearch
```

```
[root@050f34415eaf local]# chown -R elsearch:elsearch  elasticsearch
[root@050f34415eaf local]# ll
total 32832
drwxr-xr-x 2 root     root          4096 Nov  5  2016 bin
drwxr-xr-x 8 elsearch elsearch      4096 Jul  3 08:08 elasticsearch
-rw-r--r-- 1 root     root      29056810 Jul  3 01:42 elasticsearch-6.2.4.tar.gz
-rw-r--r-- 1 root     root       4501977 Jul  3 01:42 elasticsearch-analysis-ik-6.2.4.zip
-rw-r--r-- 1 root     root          2864 Jul  3 07:18 elasticsearch.yml
drwxr-xr-x 2 root     root          4096 Nov  5  2016 etc
drwxr-xr-x 2 root     root          4096 Nov  5  2016 games
drwxr-xr-x 3 root     root          4096 Jul  3 08:10 ik
drwxr-xr-x 2 root     root          4096 Nov  5  2016 include
drwxr-xr-x 1 root     root          4096 Dec  6  2017 java
drwxr-xr-x 2 root     root          4096 Nov  5  2016 lib
drwxr-xr-x 2 root     root          4096 Nov  5  2016 lib64
drwxr-xr-x 2 root     root          4096 Nov  5  2016 libexec
drwxr-xr-x 2 root     root          4096 Nov  5  2016 sbin
drwxr-xr-x 5 root     root          4096 Nov 28  2017 share
drwxr-xr-x 2 root     root          4096 Nov  5  2016 src
[root@050f34415eaf local]#
```

图4.10　Elasticsearch文件夹权限

（7）启动 Elasticsearch 服务

切换至 elsearch 用户，并启动 Elasticsearch，启动命令如图 4.11 所示。

```
[elsearch@050f34415eaf local]$ elasticsearch/bin/elasticsearch -d
[elsearch@050f34415eaf local]$
```

图4.11　启动Elasticsearch

安装并启动完成后，通过地址 http://IP 地址:9200/来访问 Elasticsearch。如果能出现图 4.12 所示信息，则表示 Elasticsearch 安装成功。

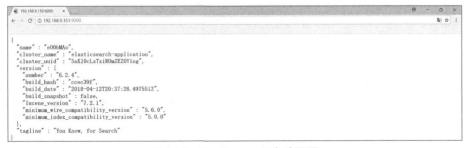

图4.12　Elasticsearch启动页面

4.3.2 Kibana 介绍及环境搭建

Kibana 是一款开源的数据分析和可视化平台,是 Elastic Stack 成员之一,设计用于和 Elasticsearch 协作,可以使用 Kibana 对 Elasticsearch 中的数据进行搜索、查看。Kibana 提供了图形、表格等多种数据展现形式,使得数据显示更加直观,并且通过浏览器就可以管理追踪数据变化,非常方便。下面开始搭建 Kibana。

1. **下载 Kibana 软件包**

从官网下载 Kibana 6.2.4 版本。

2. **解压并配置 Kibana**

将下载的文件解压至/usr/local/目录下,并将解压后的文件夹重命名为 kibana。打开 /usr/local/kibana/config 目录,修改 Kibana 配置文件 kibana.yml 的属性,关键代码如示例 15 所示。

示例 15

server.port: 5601
server.host: "0.0.0.0"
elasticsearch.url: http://192.168.9.151:9200

3. **启动验证 Kibana**

切换到 Kibana 的安装目录,使用 bin/kibana 命令启动 Kibana 服务,访问 http://192.168.9.151:5601,若出现如图 4.13 所示界面,代表 Kibana 安装成功。

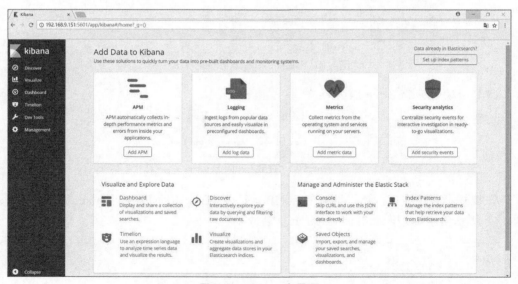

图4.13　Kibana主界面

使用 Kibana 访问 Elasticsearch 并添加访问数据。单击如图 4.14 左侧所示 Dev Tools 菜单,并单击中间方框标注的执行按钮,出现如图 4.14 右侧所示执行结果,则代表连接成功。

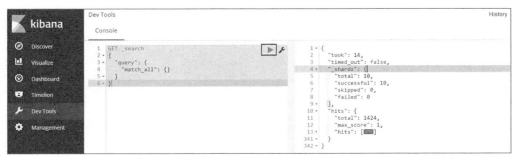

图4.14　测试连接

4.3.3　Logstash 介绍及环境搭建

Logstash 是开源的服务器端数据处理管道，能够同时从多个来源采集数据、转换数据，然后将数据发送到指定的存储库中。通俗地讲，Logstash 就是一个用于迁移数据的工具。下面开始搭建 Logstash，本书选用的 Logstash 版本为 6.3.0，此版本依赖 Java 8 环境，所以在安装之前应确保已安装好 Java 环境。

1. **下载 Logstash 文件**

从官网选择并下载 Logstash 安装文件，注意版本为 6.3.0。

2. **解压并配置 Logstash**

将下载的 logstash-6.3.0.tar.gz 文件解压至/usr/local/目录，并将 logstash-6.3.0 重命名为 logstash。进入到 logstash/config 目录下，修改 logstash.yml 文件，关键代码如示例 16 所示。

示例 16

http.host: "0.0.0.0"

xpack.monitoring.elasticsearch.url: http://192.168.9.151:9200

xpack.monitoring.elasticsearch.username: elastic

xpack.monitoring.elasticsearch.password: changeme

xpack.monitoring.enabled: false

其中，username 为 Elasticsearch 的账号名称，默认为 elastic；password 为 Elasticsearch 的账号密码，默认为 changeme。

在 config 目录下创建 logstash.conf 文件并在其中添加配置内容，关键代码如示例 17 所示。logstash.conf 文件中的配置会在任务 4 中详细讲解，此处只需要按照示例中的写法配置好即可。

示例 17

```
input{
    kafka{
        bootstrap_servers => ["192.168.9.151:9092"]
        group_id => "dmservice-group"
        auto_offset_reset => "latest"
        consumer_threads => 5
        decorate_events => true
```

```
            topics => ["order_consumer"]
            type => "order_consumer"
        }
    output {
        elasticsearch{
            hosts=> ["192.168.9.151:8200"]
            index=> "dmservice-%{+YYYY.MM.dd}"
            user => "elastic"
            password => "changeme"
        }
    }
```

3. 启动 Logstash 服务

切换到/usr/local/logstash/bin/目录，使用以下命令启动 Logstash 服务。

./logstash -f /usr/local/logstash/config/logstash.conf

> 技能训练

> 上机练习 2——搭建大觅网项目 ELK 服务环境并配置 Logstash 收集规则

需求说明

搭建 ELK 服务环境，并根据大觅网项目的业务划分定义 Logstash 的收集规则，要求每个微服务独立收集，topics 定义为各个微服务名称，group_id 统一定义为 dmservice-group，其余参数不做限制。

4.3.4 Kafka 介绍及环境搭建

1. Kafka 介绍

Kafka 是一个高吞吐量的分布式消息发布订阅系统，通常被当作消息中间件来使用。在 Kafka 中有三个重要概念。

- Producer 即生产者，向 Kafka 发送消息，在发送消息时，会根据 Topic 对消息进行分类。
- Consumer 即消费者，通过与 Kafka 建立长连接的方式，不断地拉取消息并对这些消息进行处理。
- Topic 即主题，通过对消息指定主题将消息分类，消费者可以只关注自己需要的 Topic 中的消息即可。

和 Kafka 具有类似作用的还有 ActiveMQ、RabbitMQ。ActiveMQ 由 Apache 公司出品，用 Java 语言编写，功能非常丰富。RabbitMQ 用 Erlang 语言编写，数据一致性强，吞吐量稍低。而 Kafka 同样由 Apache 公司出品，用 Scala 语言编写，性能高且吞吐量大。上述三种消息中间件由于具有不同的特性分别适用于不同的业务场景。ActiveMQ 多用于电商抢购类的高并发业务场景，RabbitMQ 多用于对数据可靠性要求高的场景，如金融领域，Kafka 多用于日志、社交等大数据处理场景。下面开始搭建 Kafka 环境。

2. Kafka 环境搭建

（1）下载 Kafka 文件

从官网下载 Kafka，本书选用的版本为 0.10.2.1，对应的 Scala 版本为 2.10，所需下载的文件名称为 kafka_2.10-0.10.2.1.tgz。

（2）解压并配置 Kafka

将下载的 kafka_2.10-0.10.2.1.tgz 文件解压至/usr/local/目录，并将 kafka_2.10-0.10.2.1 重命名为 kafka。切换到 kafka/config 目录下，修改 server.properties 配置文件，关键代码如示例 18 所示。

示例 18

```
broker.id=1
#服务地址和端口
listeners=PLAINTEXT://0.0.0.0:9092
advertised.listeners=PLAINTEXT://192.168.9.151:9092
#连接 zookeeper 服务地址，这里使用自带的 zookeeper
 zookeeper.connect=127.0.0.1:2181
```

> 注意
>
> listeners 的值必须为 0.0.0.0，否则除本机外，外部机器将无法连接 Kafka。

（3）启动 Zookeeper 服务

切换至/usr/local/kafka 目录，使用以下命令启动 Zookeeper 服务。

```
bin/zookeeper-server-start.sh -daemon config/zookeeper.properties
```

（4）启动 Kafka 服务

在/usr/local/kafka 目录下，使用以下命令启动 Kafka 服务。

```
bin/kafka-server-start.sh -daemon config/server.properties
```

若想获取更多关于 ELK+Kafka 环境搭建的内容，请扫描二维码。

ELK+Kafka环境搭建

任务 4　使用 ELK+Kafka 实现日志收集

4.4.1　发送日志信息到 Kafka

前面已经搭建好了 ELK+Kafka 服务环境，接下来实现在项目代码中发送信息到 Kafka，发送的时候需要指定 Kafka 中对应的 topic 和 key。topic 非常重要，在配置 Logstash 从 Kafka 中收集数据时需要用到，具体配置会在后面详细讲解。

新建一个 Spring Boot 项目，指定 artifactId 为 dm-kafka-client，在项目的 pom.xml 文件中添加 Kafka 相关依赖，关键代码如示例 19 所示。

示例 19

```xml
<dependency>
  <groupId>org.springframework.kafka</groupId>
  <artifactId>spring-kafka</artifactId>
</dependency>
```

新建 KafkaController 类并添加 sendMsgToKafka() 方法，在其中实现发送消息到 Kafka 中。发送消息非常简单，只需要调用依赖包中封装好的 KafkaTemplate 对象即可，关键代码如示例 20 所示。

示例 20

```java
@RestController
public class KafkaController {
    @Autowired
    private KafkaTemplate<String, String> KafkaTemplate;
    @RequestMapping(value = "/sendMsgToKafka")
    public String sendMsgToKafka() {
        for (int i = 0; i < 10; i++) {
            KafkaTemplate.send("user_consumer", "dm", "hello,Kafka!--->" + i);
        }
        return "发送消息到 Kafka 完毕";
    }
}
```

解释一下示例 20 中 send() 方法中的三个参数。

- 第一个参数是 Kafka 中的 topic，在后文中使用 Logstash 读取数据时需要设置与其一致，否则读取不到数据。
- 第二个参数是指定的 key 值，Kafka 用 key 值来确定 value 存放在哪个分区中。
- 第三个参数是需要发送的具体数据。

在项目的 application.yml 配置文件中添加配置，关键代码如示例 21 所示。

示例 21

```yaml
spring:
  kafka:
    producer:
      bootstrap-servers: 192.168.9.151:9092
      key-serializer: org.apache.kafka.common.serialization.StringSerializer
      value-serializer: org.apache.kafka.common.serialization.StringSerializer
```

示例 21 中的配置作用解释如下。

- bootstrap-servers：Kafka 服务地址，可以配置多个，以逗号分隔。
- key-serializer：指定消息 key 的编解码方式。
- value-serializer：指定消息体的编解码方式。

启动项目，默认端口为 8080，访问地址 http://localhost:8080/sendMsgToKafka，返回结果如图 4.15 所示。

图4.15　发送消息返回结果

在大觅网项目中，发送日志信息到 Kafka 的功能被封装成一个工具类 LogUtils，放到公共工程 dm-common 中，具体实现如示例 22 所示。

示例 22

```java
@Component
public class LogUtils {
    @Autowired
    private KafkaTemplate<String, String> kafkaTemplate;
    public void i(String topic, String msg) {
        ExecutorService threadPool = Executors.newFixedThreadPool(20);
        threadPool.execute(new Runnable() {
            @Override
            public void run() {
                kafkaTemplate.send(topic, "dm", msg);
            }
        });
    }
}
```

4.4.2　在 Logstash 中定义收集规则

在成功发送消息到 Kafka 后，需要使用 Logstash 来从 Kafka 中收集消息并存储到 Elasticsearch 中。创建 logstash.conf 文件，添加如示例 23 所示内容。

示例 23

```
input{
    kafka {
        bootstrap_servers => ["192.168.9.151:9092"]
        group_id => "dmservice-group"
        auto_offset_reset => "latest"
        consumer_threads => 5
        decorate_events => true
        topics => ["user_consumer"]
        type => "user_consumer"
    }
}
output {
  elasticsearch{
     hosts=> ["192.168.9.151:9200"]
```

```
        index=> "dmservice-%{+YYYY.MM.dd}"
        user => "elastic"
        password => "changeme"
    }
}
```

input 节点代表数据读入渠道，这里是从 Kafka 中读取消息，bootstrap_servers 指向 Kafka 服务；group_id 可以自由指定；topics 是数组形式，可以填写多个，里面的数值必须包含代码中发送消息时指定的 topic，如果没有代码中指定的 topic，那么 Logstash 将读取不到消息；type 可以自由指定，不受限制。

output 节点代表数据输出渠道，这里是将数据保存到 Elasticsearch 中，其中，hosts 指向 Elasticsearch 服务地址，可以有多个，注意 IP 和端口要与实际保持一致；index 表示在 Elasticsearch 中生成 index 的规则，以每天的日期结尾；user 和 password 为 Elasticsearch 的用户名和密码。

更新过配置文件后需要重新启动 Logstash 服务。

> 4.3.3 节中创建的 logstash.conf 是大觅网项目的线上配置，读者可以参考本节中的配置来理解其含义。

4.4.3 在 Kibana 中定义规则查询日志

接下来在 Kibana 中定义查询规则，合理的查询规则能够快速高效地得到想要的结果。

访问 Kibana 服务主页，然后单击左侧选项卡 "Management" → "Index Patterns"，如图 4.16 所示。

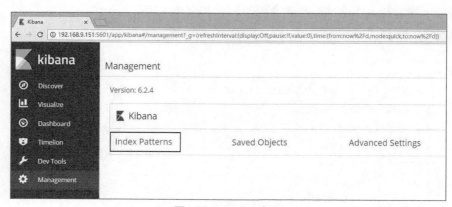

图4.16 Kibana主页

在新打开的界面中创建 Index Pattern，之前在 Logstash 中配置 output 节点时指定 index 规则为"dmservice-后面随日期变化"，这里定义 index 为"dmservice-*"，就可以匹配所有以"dmservice-"开头的信息，如图 4.17 所示。

第 4 章 分布式日志处理

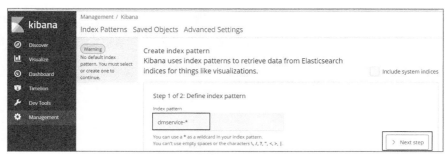

图4.17 创建Index Pattern

单击"Next step"按钮，在新打开的界面中 Time Filter Field name 处选择@timestamp，然后单击右下角的"Create Index Pattern"按钮完成创建。创建完成后如图 4.18 所示，方框中标注的就是刚才创建的 Index Pattern。

图4.18 完成创建

 提示

单击图 4.18 中左上角的"Create Index Pattern"还可以继续创建多个 Index Pattern，这里不再演示。

 经验

创建规则的时候如果出现如图 4.19 所示的提示，表示在 Elasticsearch 中还没有存储数据，需要先存储数据到 Elasticsearch 中。本任务在前面已经自动通过 Logstash 写入数据到 Elasticsearch 中，所以可以直接创建规则。

图4.19 提示无数据

单击页面左侧 Discover 标签，进入数据查询界面，默认显示最近 15 分钟的数据。如图 4.20 所示单击右上角的"Last 15 minutes"可以选择查询指定时间的数据，这里选择 Today，表示查询当天数据，如图 4.21 所示。

图4.20　选择时间

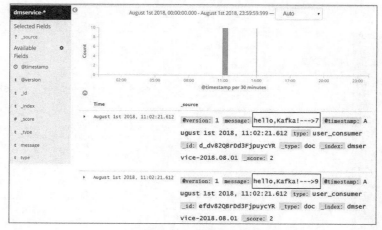

图4.21　查看结果

图 4.21 中方框标注的就是之前通过程序代码循环写入的信息，这里因为篇幅原因只展示了两条数据。

以上是默认查询所有字段的数据，在实际开发中如果只想查看感兴趣的数据，或者在查询的时候想要自定义元素显示顺序，则可以自由组合要显示的字段。在查询界面将鼠标放到想要展示的字段后会出现 add 按钮，如图 4.22 所示。

图4.22　自定义字段

单击 add 按钮之后选中元素会显示在 Selected Fields 下方，这里依次添加 type 和 message，选中后按照顺序从左到右进行展示，如图 4.23 所示。

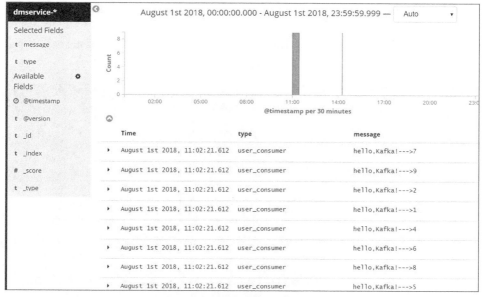

图4.23　自定义界面

若要删除某个元素，将鼠标放到 Selected Fields 下方的对应元素上，会出现 remove 按钮，单击即可删除。将鼠标放到 message 上时，会出现"放大"和"缩小"两个图标，如图 4.24 所示，单击"放大"图标可以查看更加详细的信息。

图4.24　查看详细信息

> **经验**　message 消息内容过长在 Kibana 中将不能完全显示，若要完全显示，需要修改左侧选项卡 "Management" → "Advanced Settings" 中的 truncate:maxHeight，默认为 115，修改为 0，表示不限长度，如图 4.25 所示，单击 Edit 即可修改。

图4.25　修改显示字符长度

技能训练

上机练习3——在 Kibana 中定义查询日志规则

需求说明

搭建 ELK+Kafka 服务环境并向 Kafka 中发送数据,然后通过 Logstash 从 Kibana 中收集消息并发送到 Elasticsearch 中,最后在 Kibana 中定义规则来查询发送的数据。

➡ 本章总结

- ➤ 采用分布式微服务架构的系统通常存在接口复杂、日志散乱两个问题。使用 Spring Cloud Sleuth 实现微服务追踪,可以解决接口复杂的问题;使用 ELK+Kafka 实现日志收集,可以解决日志散乱的问题。
- ➤ ELK(Elasticsearch+Logstash+Kibana)是一套完整的日志解决方案,其中,Logstash 负责数据的收集,把日志信息从各种渠道迁移到 Elasticsearch 中保存,然后通过 Kibana 提供的图形化界面进行分析查看。
- ➤ Kafka 是一个分布式消息发布订阅系统,由于其具有高吞吐量的特性,尤其适合分布式微服务架构下的大量日志收集。在实际开发中,Kafka 一般和 ELK 配合使用,首先将消息发送到 Kafka 中,然后配合 ELK 进行数据迁移和展示。

➡ 本章作业

1. 使用 Sleuth 实现大觅网项目微服务跟踪。
2. 使用 ELK+Kafka 实现大觅网项目日志收集。

第 5 章

分布式业务实现

技能目标

- ❖ 掌握使用 RabbitMQ 实现分布式事务
- ❖ 掌握使用 Redis-setnx 实现分布式锁

本章任务

学习本章内容,需要完成以下 2 个工作任务。记录学习过程中遇到的问题,可以通过自己的努力或访问 ekgc.cn 解决。

任务 1:使用 RabbitMQ 实现分布式事务

任务 2:使用 Redis-setnx 实现分布式锁

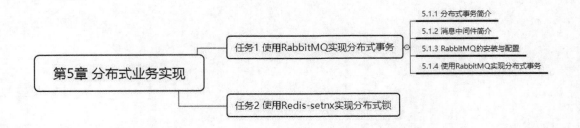

第5章 分布式业务实现

任务 1 使用 RabbitMQ 实现分布式事务

5.1.1 分布式事务简介

在介绍分布式事务的概念之前,首先看一下大觅网的下单操作。大觅网的下单操作涉及到多个项目和数据库,其中包括订单项目和订单数据库以及排期项目和排期数据库。用户在下单时,除了要在订单项目中生成订单之外,还需要在排期项目将此订单对应的排期座位的状态修改为已售出。具体流程如图 5.1 所示。

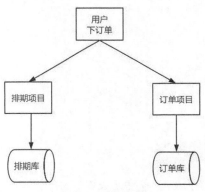

图5.1 下单流程

正常情况下,排期库和订单库的数据在用户下单完成之后,各自更新数据,两边的数据维持一致。非正常情况下,有可能出现排期座位的状态修改为已出售,而订单还没有创建。这时订单项目和排期项目的数据就失去了应有的一致性。由于下单操作涉及多个数据源,所以单机事务无法保证订单项目和排期项目数据的一致性,需要借助分布式事务来解决。

从上面的例子可知,在分布式系统中,一个简单的操作往往需要多个项目和数据库实例协同完成。分布式事务是指将一个操作中涉及的所有数据库实例的数据库操作捆绑成为一个整体进行管理。如果该操作执行成功,则该操作中所有数据库实例的数据库操作均会提交,成为数据库中的永久组成部分;如果该操作执行过程中遇到错误且必须取消或回滚,则此操作涉及的所有数据库实例的数据库操作均需恢复到操作前的状态,所有对数据的更改均被清除。

常见的分布式事务解决方案有三种：两阶段、TCC（Try-Confirm-Cancel）和消息事务。其中，消息事务是迄今为止实现分布式事务应用最多的解决方案。本任务主要讲解使用消息中间件 RabbitMQ 实现分布式事务的方式。

5.1.2 消息中间件简介

1. 概念

在企业级开发中，一个大的项目通常是由很多小的应用组成的。这些小应用之间通常会进行一些通信，这些通信传递的信息数据就是消息。为了提高通信的效率和可靠性，可以在相互通信的应用之间加入消息中间件。假如应用系统 A 执行一个操作后，B 系统必须进行相应处理，就可以使用消息中间件来完成这个功能，如图 5.2 所示。执行步骤如下。

（1）应用系统 A 执行操作，在操作执行成功后推送一条消息到消息中间件。

（2）应用系统 B 监听到来自消息中间件的消息，在自身系统内部执行对应操作。

注意

> 由于消息中间件在系统中常常担任指令传达者的角色，故消息中间件的稳定与否，直接影响着系统的稳定性。因此大部分公司在实际开发中，常常使用集群的方式来部署和管理消息中间件。

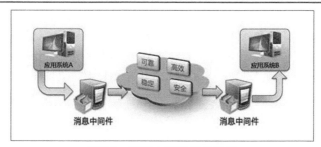

图5.2 消息中间件工作场景

2. 使用场景

下面以实际应用开发中的场景为例，来讲解消息中间件在系统中的作用。

场景实例：假定有用户系统、邮件系统、短信系统 3 个子系统。用户在用户系统执行注册，需要同时调用邮件系统和短信系统来执行发邮件和发短信的操作。常见的串行流程设计如图 5.3 所示，整个执行周期约需要 150ms。

图5.3 串行流程图

对于每一个系统来说，响应速度都是一个非常重要的指标，当用户访问量增大时，上述的串行方式将无法满足用户对响应速度的要求，需要加以改进，改进的方式就是下面要介绍的异步处理。

（1）异步处理

图 5.3 所示为串行处理的流程，即发邮件和发短信是顺序执行的，必须等待发邮件操作执行完之后才能执行发短信操作。引入消息中间件后，系统执行流程如图 5.4 所示。

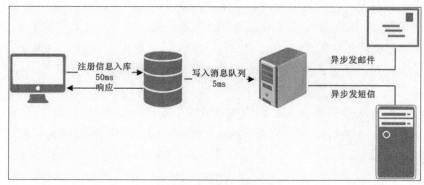

图5.4　消息中间件方式

① 邮件系统和短信系统分别监听消息中间件（图 5.4 中为消息队列）。

② 用户通过用户系统执行具体注册操作，成功后将结果写入消息队列后，就不再关心消息的后续执行流程。

③ 邮件系统和短信系统获取到消息，分别执行各自操作。

整个流程中，原有用户系统需要执行 150ms 的操作并等待返回结果。使用了消息中间件后，用户系统只需要花费 50ms 将消息写入消息队列，即可向前台用户提供相应的有关注册结果的提示信息，对于后续的操作则无须关心，发邮件和发短信属于异步操作。综上所述，从用户单击注册按钮到收到系统提示注册成功的提示信息，整个过程只需要大约 50ms，比串行方式的响应速度更快。

（2）应用解耦

在原来的处理流程中，短信系统必须等待邮件系统执行完成，方能执行。系统间的耦合性很大。引入消息中间件后，发邮件和发短信运行在两个系统中，是完全互不干扰的操作，完成了系统间的解耦。

（3）流量削峰

在实际应用中，消息中间件均可设置最大可接收的消息数目。利用这一特性可以通过控制消息的最大接收数来控制访问的用户数量。比如，在秒杀抢购类应用系统中，商品库存只有 100，则可设置消息的最大接收数为 100，即只接收前 100 位的用户请求，对于后续用户直接返回抢购失败的提示。

获取更多消息中间件的内容请扫描二维码。

消息中间件的概念和使用场景

5.1.3　RabbitMQ 的安装与配置

1. RabbitMQ 简介

常用的消息中间件有 RabbitMQ、RocketMQ、ActiveMQ、Kafka、ZeroMQ、MetaMQ 等。RabbitMQ 作为主流的消息队列之一，遵循 AMQP（Advanced Message Queuing Protocol）协议，由内在高并发的 Erlang 语言开发，通常用在对可靠性要求比较高的实时消息传递上。

每个消息队列中间件的名称都有独特的含义，RabbitMQ 也是如此，即代表像兔子一样敏捷而且繁殖起来很疯狂的 MQ。通过名字很容易看出 RabbitMQ 的一个优势：易扩展、速度快，这个优势让 RabbitMQ 很快得到业内很多企业的认可。除了这个显著优势之外，RabbitMQ 还有以下优点。

- 安装部署简单，上手门槛低，符合 AMQP 标准。
- 企业级消息队列，经过大量实践检验的高可靠性。
- 有强大的 Web 管理页面。
- 支持消息持久化、消息确认机制和灵活的任务分发机制等，功能非常丰富。

2. 关键概念

关于 RabbitMQ 需要掌握以下几个概念。

- 生产者（Producer）：消息的发送者，即把消息推送到消息服务器的程序。
- 消费者（Consumer）：消息的接收者，即接收消息的程序。
- 队列（Queue）：是 RabbitMQ 的内部对象，用于存储消息，是一个有序的消息集合。在 Queue 中，消息会以 FIFO（First Input First Output）的方式排队。Queue 可以设置为持久化、临时和删除等状态。
- 交换机（Exchange）：消息交换机，它指定消息按什么规则路由到哪个 Queue。在 RabbitMQ 中，生产者并非直接将消息发送给消费者，而是先把消息发送给 Exchange。生产者在发送消息时，还会发送一个 Routing key，Exchange 会根据这个 key 值按照一定的规则与指定的 Queue 进行绑定，再把消息路由给这些 Queue。和 Queue 一样，Exchange 也可以设置为持久化、临时和删除等状态。
- 绑定令牌（Routing key）：Exchange 和 Queue 进行绑定时需要的令牌。
- 绑定（Binding）：将 Exchange 和 Queue 按照指定的绑定令牌进行绑定。

3. 消息通信过程

消息通信过程如图 5.5 所示。

（1）消息生产者（图中的 P）生产消息并投递到交换机（图中的 X）中，投递时携带 Routing key。

（2）交换机和队列（图中的长方形区域）通过绑定令牌进行绑定。

（3）消费者（图中的 C1、C2 和 C3）可以从其监听的队列中获取消息并消费，至于监听哪个队列需要消费者通过队列的名称自行指定。

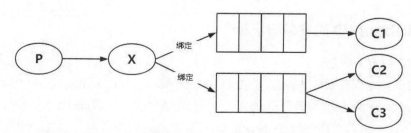

图5.5　消息的发送过程

每个消费者都有自己对应的队列，多个消费者可以订阅同一个队列，这时队列中的消息会被平均分配给每个消费者进行处理，而不是每个消费者都收到所有的消息进行处理。

RabbitMQ 常用的 Exchange 类型有三种：direct、topic、fanout。

> **direct**（路由模式）：生产者将消息发送到交换机并添加绑定令牌，队列携带绑定令牌绑定到交换机，如果生产者添加的绑定令牌和队列携带的绑定令牌相同，则拥有此队列的消费者即可获取生产者发送的消息。这里的两个绑定令牌要求是全字匹配的。

> **topic**（通配符模式）：与路由模式大致相同，唯一不同的地方是绑定令牌在进行匹配时采用的是模糊匹配，具体的模糊匹配方式在下面的整合步骤中会详细介绍。

> **fanout**（订阅模式）：把所有发送到该交换机的消息投递到所有与它绑定的队列中，无须关心进行匹配的两个绑定令牌是否相同。

4. 服务端安装和配置

安装采用的系统为 CentOS7，JDK 版本为 1.8，RabbitMQ 版本为 3.7.4，具体的安装步骤如下。

（1）下载 Erlang 安装包，Erlang 是 RabbitMQ 运行所需的语言环境，安装 RabbitMQ 必须安装 Erlang。访问 Erlang 官网，打开如图 5.6 所示页面。

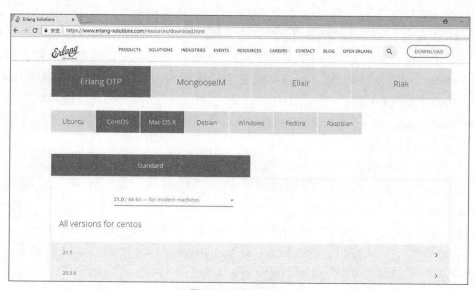

图5.6　下载Erlang

选择安装系统为 CentOS，Erlang 的版本为 20.2.2，下载后的文件名为 otp_src_20.2.tar.gz，将此安装包上传到 Linux 服务器。

（2）在安装之前需要执行以下代码来准备安装 Erlang 所需的依赖包和类库。

```
yum install -y gcc glibc-devel make ncurses-devel openssl-devel
yum install -y make xmlto perl wget xz lsof unixODBC-devel
rpm --rebuilddb
```

（3）执行以下操作，创建 erlang 目录，将 otp_src_20.2.tar.gz 放到此目录下。

```
mkdir -p /usr/local/erlang
mv otp_src_20.2.tar.gz /usr/local/erlang/
```

（4）切换到目录/usr/local/erlang，并解压 otp_src_20.2.tar.gz。

```
cd /usr/local/erlang
tar -xvf otp_src_20.2.tar.gz
```

（5）进入目录/usr/local/erlang/otp_src_20.2/，执行以下三行代码进行安装。

```
./configure --prefix=/usr/local/erlang/ --without-javac
make
make install
```

如果出现如图 5.7 所示的界面，代表安装成功。

```
rm -f erl
rm -f erlc
rm -f epmd
rm -f run_erl
rm -f to_erl
rm -f dialyzer
rm -f escript
rm -f ct_run
ln -s ../lib/erlang/bin/erl erl
ln -s ../lib/erlang/bin/erlc erlc
ln -s ../lib/erlang/bin/epmd epmd
ln -s ../lib/erlang/bin/run_erl run_erl
ln -s ../lib/erlang/bin/to_erl to_erl
ln -s ../lib/erlang/bin/dialyzer dialyzer
ln -s ../lib/erlang/bin/escript escript
ln -s ../lib/erlang/bin/ct_run ct_run
```

图5.7　安装成功

（6）修改环境变量，执行以下操作。

```
vi /etc/profile
```

在打开的文件中添加以下代码。

```
ERL_HOME=/usr/local/erlang/otp_src_20.2/
PATH=$ERL_HOME/bin:$PATH
```

（7）至此，Erlang 语言环境已经安装完成，接下来进行 RabbitMQ 的安装。

首先下载 RabbitMQ 的安装包，在打开的页面中选择名称为 rabbitmq-server-generic-unix-3.7.4.tar.xz 的文件进行下载即可。

（8）将下载的 rabbitmq-server-generic-unix-3.7.4.tar.xz 文件上传到 Liunx 服务器，执行以下代码在 Linux 服务器中创建目录/usr/local/rabbitmq，并将安装包移至此目录下。

```
mkdir -p /usr/local/rabbitmq
mv rabbitmq-server-generic-unix-3.7.4.tar.xz /usr/local/rabbitmq/
```

（9）使用 xz 命令解压 rabbitmq-server-generic-unix-3.7.4.tar.xz 文件，解压后会生成 rabbitmq-server-generic-unix-3.7.4.tar，运行结果如图 5.8 所示。

```
[root@ac43c2207b66 rabbitmq]# xz -d rabbitmq-server-generic-unix-3.7.4.tar.xz
[root@ac43c2207b66 rabbitmq]# ll
total 13040
-rw-r--r-- 1 root root 13352960 Aug 13 06:34 rabbitmq-server-generic-unix-3.7.4.tar
```

图5.8　使用xz命令解压rabbitmq-server-generic-unix-3.7.4.tar.xz

（10）解压 rabbitmq-server-generic-unix-3.7.4.tar。

tar -xvf rabbitmq-server-generic-unix-3.7.4.tar

（11）切换到/usr/local/rabbitmq/rabbitmq_server-3.7.4/ebin 目录，修改 rabbit.app 文件，将其中的 {loopback_users, [<<"guest">>]} 修改为 {loopback_users, []}，目的就是启动 RabbitMQ 服务之后，允许用户使用 guest 账户登录 RabbitMQ 的服务端主页。

（12）设置环境变量，执行以下代码。

vi /etc/profile

在打开的文件的末尾添加以下两行代码。

RABBITMQ_HOME=/usr/local/rabbitmq/rabbitmq_server-3.7.4
PATH=$PATH:$RABBITMQ_HOME/sbin

（13）启动 RabbitMQ 的管理界面。

完成上面的步骤就可以连接 RabbitMQ 的服务器端进行消息的发送和接收了，但是还不能访问 RabbitMQ 的管理界面，使用下面的三行代码进行启动。

rabbitmqctl start_app
rabbitmq-plugins enable rabbitmq_management
rabbitmqctl stop

注意

> 　　如果执行第一行代码时报错：rabbitmqctl: command not found，解决方法是添加环境变量：
>   export PATH=/usr/local/rabbitmq/rabbitmq_server-3.7.4/sbin:$PATH
> 　　如出现以下错误：rabbitmq-env: line 360: exec: erl: not found，解决方法是打开文件 rabbitmq-env，在文件中添加如下环境变量：
>   ERLANG_HOME=/usr/local/erlang
>   export PATH=$PATH:$ERLANG_HOME/bin

（14）启动 RabbitMQ 服务

此时可以访问 RabbitMQ 的管理界面了，如图 5.9 所示。

大觅网项目的开发环境是基于 Docker 搭建的，因此需要将 RabbitMQ 集成于 Docker 容器中。

第 5 章 分布式业务实现

图5.9　RabbitMQ的管理界面

根据前面的安装步骤，可以将 RabbitMQ 的安装过程写成 Dockerfile，用以生成相关的 Docker 镜像。

示例 1

```
# JDK-8U151
FROM yi/centos7-jdk8u151
MAINTAINER hai
# install Erlang
    RUN yum install -y gcc glibc-devel make ncurses-devel openssl-devel xmlto    perl wget xz lsof
    unixODBC-devel && \
    rpm --rebuilddb && \
    yum install -y tar
RUN mkdir -p /usr/local/erlang
COPY otp_src_20.2.tar.gz /usr/local/erlang/
WORKDIR /usr/local/erlang/
RUN tar -xvf otp_src_20.2.tar.gz
WORKDIR    /usr/local/erlang/otp_src_20.2/
RUN ./configure --prefix=/usr/local/erlang/ --without-javac
RUN make
RUN make install

# ENV
ENV ERL_HOME=/usr/local/erlang/otp_src_20.2/
ENV PATH=$ERL_HOME/bin:$PATH

# install RabbitMQ
RUN mkdir -p /usr/local/rabbitmq
```

```
WORKDIR /usr/local/rabbitmq/
COPY rabbitmq-server-generic-unix-3.7.4.tar.xz /usr/local/rabbitmq/
RUN xz -d rabbitmq-server-generic-unix-3.7.4.tar.xz
RUN tar -xvf rabbitmq-server-generic-unix-3.7.4.tar
RUN rm -f rabbitmq-server-generic-unix-3.7.4.tar
RUN yum clean all
COPY rabbit.app /usr/local/rabbitmq/rabbitmq_server-3.7.4/ebin/
ENV RABBITMQ_HOME /usr/local/rabbitmq/rabbitmq_server-3.7.4
ENV PATH $PATH:$RABBITMQ_HOME/sbin

# open ports
EXPOSE 15672
EXPOSE 5672

ENTRYPOINT rabbitmq-plugins enable rabbitmq_management && rabbitmq-server
CMD ["rabbitmq-server"]
```

5. Spring Boot 整合 RabbitMQ

上面提到 RabbitMQ 有三种模式，其中通配符模式（topic）的使用最灵活，适用场景也最广，接下来主要讲解如何使用 Spring Boot 整合 RabbitMQ 实现通配符模式（topic）。

整合步骤如下。

第一步：创建 Spring Boot 项目，引入所需依赖。

```
<dependency>
        <groupId>org.springframework.boot</groupId>
        <artifactId>spring-boot-starter-amqp</artifactId>
</dependency>
```

第二步：在 application.yml 文件中配置与 RabbitMQ 服务端的连接。

```
spring:
  rabbitmq:
    host: 服务器 IP 地址
    port: 服务器 RabbitMQ 端口
    username: guest
    password: guest
    publisher-confirms: true
    virtual-host: /
```

第三步：创建消息发送者。

如示例 2 所示，在 TopicProvider 中需要注入一个 RabbitTemplate 的实例对象，与 RabbitMQ 相关的绝大部分操作都将封装在此类中；在 send 方法中调用 RabbitTemplate 的 convertAndSend 方法来发送消息，此方法包含三个参数，分别是 Exchange 的名称、Routing key 和发送的消息的内容。

示例 2

```
@Component
public class TopicProvider{
```

```
@Autowired
private RabbitTemplate rabbitTemplate;
//发送消息，不需要实现任何接口，供外部调用。
public void send(){
    rabbitTemplate.convertAndSend("topicExchange",
            "key.1",
            "Topic 模式发送的消息");
}
```
}

第四步：创建队列（Queue）、交换机（Exchange），并设置绑定令牌（Routing key），代码如示例 3 所示。

示例 3

```
@Configuration
public class TopicConfig {
    @Bean
    public Queue queue1(){
    //创建队列，名称为"hello.queue1"
        return new Queue("hello.queue1", true);
    }
    @Bean
    public Queue queue2(){
        return new Queue("hello.queue2", true);
    }
    @Bean
    TopicExchange topicExchange() {
    //创建交换机，名称为"topicExchange"
        return new TopicExchange("topicExchange");
    }
    @Bean
    public Binding binding1() {
        return BindingBuilder.bind(queue1()).
                to(topicExchange()).
                with("key.1");
    }
    @Bean
    public Binding binding2() {
        return BindingBuilder.bind(queue2()).
                to(topicExchange()).
                with("key.#");
    }
}
```

第五步：创建消息接收者，代码如示例 4 所示。

示例 4

```
@Component
```

```java
public class TopicConsumer {
    @RabbitListener(queues = "hello.queue1")
    public void processMessage1(String msg) {
        System.out.println(Thread.currentThread().getName() +
                " 接收到来自 hello.queue1 队列的消息：" + msg);
    }
    @RabbitListener(queues = "hello.queue2")
    public void processMessage2(String msg) {
        System.out.println(Thread.currentThread().getName() +
                " 接收到来自 hello.queue2 队列的消息：" + msg);
    }
}
```

第六步：测试消息的发送和接收。创建测试代码，进行测试，代码如示例 5 所示。

示例 5

```java
@Test
public void testTopic() throws Exception {
    while (true) {
        topicProvider.send();
        Thread.sleep(1000);
    }
}
```

队列与交换机进行绑定时采用的是模糊匹配的方式，如示例 3 中的代码所示，queue2 在与交换机绑定时采用的 key 为 key.#，消息的生产者在发送消息时如果指定的 key 为 key.1，则不止 queue1 能接收到消息，queue2 也能接收到消息。运行测试代码之后，如果 TopicConsumer.java 中的 processMessage1()方法和 processMessage2()方法都能够在控制台打印出正确的消息内容，则证明消息发送并接收成功。

5.1.4 使用 RabbitMQ 实现分布式事务

1. 实现步骤

基于微服务架构的概念，将大觅网项目拆分为多个子项目，用户完成一个操作需要调用几个子系统的服务。因此对于那些需要事务的操作，将无法使用传统的 JDBC 事务统一管理。在大觅网系统中，利用消息的异步特性来保证事务的最终一致性，实现原理如图 5.10 所示。

在大觅网项目中，订单支付功能涉及的子项目包括订单项目、用户项目、排期项目、节目项目和支付项目。

创建订单时，除了要在数据库中添加一条订单记录之外，还需要修改订单对应的排期座位的状态并向订单关联用户表插入记录，这三个操作属于同一个事务，在这个过程中需要对三种可能出现的异常情况进行处理。

第 5 章 分布式业务实现

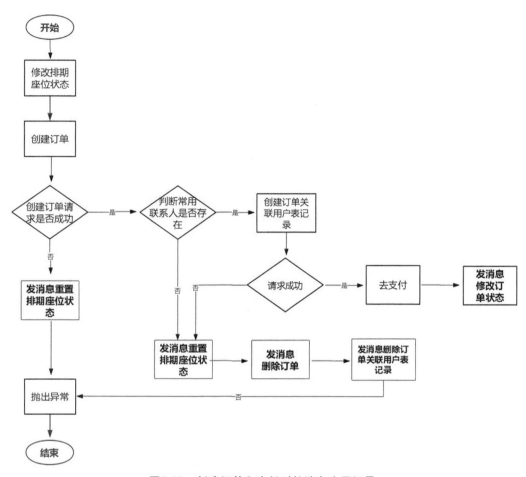

图5.10 创建订单和支付时的消息应用场景

（1）创建订单请求是否成功。由于在创建订单之前已经对排期的座位状态进行了修改，如若创建订单请求不成功，则需发送消息还原排期座位状态，代码如示例 6 所示。

示例 6

```
try {
    orderId = restDmOrderClient.qdtxAddDmOrder(dmOrder);
} catch (Exception e) {
    //订单创建失败，需要重置锁定的座位信息
    sendResetSeatMsg(dmSchedulerSeat.getScheduleId(), seatArray);
    redisUtils.unlock(String.valueOf(orderVo.getSchedulerId()));
    throw new BaseException(OrderErrorCode.ORDER_NO_DATA);
}
```

当创建订单的方法 qdtxAddDmOrde() 出现异常时，需要调用 sendResetSeatMsg() 方法发送消息来还原已经修改的排期座位状态。sendResetSeatMsg() 方法如示例 7 所示。

示例 7

```
public void sendResetSeatMsg(Long scheduleId, String[] seatArray) {
    Map<String, Object> resetSeatMap = new HashMap<String, Object>();
```

```
            resetSeatMap.put("scheduleId", scheduleId);
            resetSeatMap.put("seats", seatArray);
            rabbitTemplate.convertAndSend(
                    Constants.RabbitQueueName.TOPIC_EXCHANGE,
                    Constants.RabbitQueueName.TO_RESET_SEAT_QUQUE,
                    resetSeatMap,new MessagePostProcessor() {
                @Override
                public Message postProcessMessage(Message message)throws AmqpException {
                    //设置消息持久化，避免消息服务器挂了重启之后找不到消息
                    message.getMessageProperties().setDeliveryMode(MessageDeliveryMode.PERSISTENT);
                    return message;
                }
            });
        }
```

消息发送完成之后，需要由消息消费者接收消息并进行相应的业务处理（还原排期座位状态）。

（2）判断请求参数中的常用联系人是否存在。为了保证安全，请求参数中的常用联系人数据有可能和数据库中的不符，所以需要判断数据库中是否存在请求中的常用联系人信息，如果不存在，由于此时排期座位状态已经修改、订单记录和部分订单关联用户表的记录已经创建，所以需要发送消息重置排期座位状态、删除已经创建的订单和已经插入到订单关联用户表的记录，代码如示例 8 所示。

示例 8

```
if (EmptyUtils.isEmpty(dmLinkUser)) {
    //关联用户不存在，需要重置座位信息
    sendResetSeatMsg(dmSchedulerSeat.getScheduleId(), seatArray);
    //订单创建无法添加关联人，需要删除之前的订单
    sendDelOrderMsg(orderId);
    //删除订单明细关联人信息
    sendResetLinkUser(orderId);
    redisUtils.unlock(String.valueOf(orderVo.getSchedulerId()));
    throw new BaseException(OrderErrorCode.ORDER_NO_DATA);
}
```

其中，sendResetSeatMsg()方法如示例 7 所示，sendDelOrderMsg()方法和 sendResetLinkUser()方法分别如示例 9 和示例 10 所示。

示例 9

```
public void sendDelOrderMsg(Long orderId) {
    rabbitTemplate.convertAndSend(
            Constants.RabbitQueueName.TOPIC_EXCHANGE,
            Constants.RabbitQueueName.TO_DEL_ORDER_QUQUE,
            orderId,
            new MessagePostProcessor() {
        @Override
```

```java
            public Message postProcessMessage(Message message)
                    throws AmqpException {
                //设置消息持久化，避免消息服务器挂了重启之后找不到消息
                message.getMessageProperties().
setDeliveryMode(MessageDeliveryMode.PERSISTENT);
                return message;
            }
        });
    }
```

示例 10

```java
    public void sendResetLinkUser(Long orderId) {
        logUtils.i(Constants.TOPIC.ORDER_CONSUMER, "[sendResetLinkUser]"
            +"发送重置联系人消息，需要重置订单 ID 为" + orderId + "的联系人");
        rabbitTemplate.convertAndSend(
        Constants.RabbitQueueName.TOPIC_EXCHANGE,
        Constants.RabbitQueueName.TO_RESET_LINKUSER_QUQUE,orderId,
        new MessagePostProcessor() {
            @Override
            public Message postProcessMessage(Message message)
                    throws AmqpException {
                //设置消息持久化，避免消息服务器挂了重启之后找不到消息
                message.getMessageProperties().
                    setDeliveryMode(MessageDeliveryMode.PERSISTENT);
                return message;
            }
        });
    }
```

（3）创建订单关联用户表记录是否成功。此过程也会出现请求服务失败，故也需要发送消息执行与第二种情况相同的操作。代码如示例 11 所示。

示例 11

```java
    try {
        restDmOrderLinkUserClient.qdtxAddDmOrderLinkUser(dmOrderLinkUser);
    } catch (Exception e) {
        //发送消息重置所有
        sendResetSeatMsg(dmSchedulerSeat.getScheduleId(), seatArray);
        sendDelOrderMsg(orderId);
        //重置订单明细关联人信息
        sendResetLinkUser(orderId);
        redisUtils.unlock(String.valueOf(orderVo.getSchedulerId()));
        throw new BaseException(OrderErrorCode.ORDER_NO_DATA);
    }
```

2. 异常及解决方案

（1）消息丢失

若消息送达 RabbitMQ 的服务端之后，消息服务挂了，此时如果消息没有进行持久化，那么当消息服务启动后，消息就会丢失。解决方法是将消息持久化到硬盘或者数据库。采用持久化到硬盘的方式比较简单，具体实现方式为发送消息时设置三个持久化，分别是队列持久化、交换机持久化和消息持久化。

设置队列持久化的方式很简单，在创建队列时，将第二个参数设置为 true 即可。代码如示例 12 所示。

示例 12

```
@Bean
public Queue toQgQueue() {
    return new Queue(
            Constants.RabbitQueueName.TO_QG_QUEUE,
            true,
            false,
            true,
            args);
}
```

设置交换机持久化的方式也很简单，在创建交换机时，同样将第二个参数设置为 true 即可。代码如示例 13 所示。

示例 13

```
@Bean
TopicExchange topicExchange() {
    return new TopicExchange(
            Constants.RabbitQueueName.TOPIC_EXCHANGE, true, true);
}
```

设置消息持久化需要在 convertAndSend()方法中添加如示例 14 中加粗代码所示的参数，此参数为固定写法。

示例 14

```
rabbitTemplate.convertAndSend(
    Constants.RabbitQueueName.TOPIC_EXCHANGE,
    Constants.RabbitQueueName.TO_RESET_SEAT_QUQUE,
    resetSeatMap, new MessagePostProcessor() {
        @Override
        public Message postProcessMessage(Message message)
                throws AmqpException {
            //设置消息持久化，避免消息服务器挂了重启之后找不到消息
            message.getMessageProperties().
                    setDeliveryMode(MessageDeliveryMode.PERSISTENT);
            return message;
        }
    });
```

（2）消费者处理异常失败

当消费者接收到消息之后，会根据获取到的消息进行自身业务的处理，此时可能出现消费者自身业务报异常的情况。如果出现这种情况，可以将消息加入死信队列，等消费者异常解决之后，再从死信队列中获取消息，重新进行自身业务处理。

在出现上述情况时将消息加入死信队列，需要执行以下三步操作。

① 创建死信交换机。

创建死信交换机的方式如示例 15 所示。

示例 15

```
//声明一个死信交换机
@Bean
public TopicExchange deadLetterExchange() {
    return new TopicExchange(
            Constants.DEAD_LETTER_EXCHANGE,
            true,
            true);
}
```

② 创建死信队列。

创建死信队列的代码如示例 16 所示。

示例 16

```
//声明一个死信队列，用来存放死信消息
@Bean
public Queue deadQueue() {
    return new Queue(Constants.DEAD_QUEUE,
            true,
            false,
            true,
            null);
}
```

③ 将正常的队列与死信队列和交换机进行绑定。

将正常队列与死信队列和死信交换机绑定的代码如示例 17 所示。

示例 17

```
// 将死信队列和死信交换机绑定
@Bean
public Binding bindingDead() {
    return BindingBuilder.bind(deadQueue()).
            to(deadLetterExchange()).
            with(Constants.DEAD_LETTER_ROUTINKEY);
}
@Bean
public Queue toQgQueue() {
    Map<String, Object> args = new HashMap<>();
    // 设置该队列的死信的信箱
```

```
        args.put("dead-letter-exchange", Constants.DEAD_LETTER_EXCHANGE);
        // 设置死信的绑定令牌
        args.put("dead-letter-routing-key", Constants.DEAD_LETTER_ROUTINKEY);
        return new Queue(
                Constants.RabbitQueueName.TO_QG_QUEUE,
                true,
                false,
                true,
                args);
    }
```

技能训练

上机练习 1——使用 RabbitMQ 实现大觅网分布式事务

需求说明

搭建大觅网环境，自己编写业务方法使用 RabbitMQ 实现大觅网下单功能，并保证事务最终的一致性。

任务 2 使用 Redis-setnx 实现分布式锁

1. 分布式锁的概念

在多线程编程中，为了防止多个线程同时访问同一资源，往往会在线程访问的具体方法前或者对象上绑定 synchronized 关键字，从而保证同一时刻只能有一个线程访问该资源。在分布式集群架构的环境下，也会遇到类似的应用场景，如大觅网项目的下单操作。为了防止在高并发的情况下，用户对剧场排期座位库存的访问和修改产生不一致的问题，在程序设计中需要为下单的具体操作增加同步锁，确保同一时刻只能有一个线程访问剧场排期座位库存资源。由于大觅网项目中，将执行下单逻辑的代码部署到多个节点上（集群方式），因此下单的线程可能不在同一个机器或进程中，所以简单的 synchronized 关键字将无法保证购买资源的数据一致性。这时，就需要使用分布式锁来进行资源同步控制。常见的可以用来实现分布式锁的解决方案有很多，如 Memcached 的 add()方法、cas()方法，Redis 的 setnx()方法，ZooKeeper 中间件等。在大觅网项目中，将使用 Redis 的 setnx ()方法来实现分布式锁。

分布式锁的概念

获取更多关于分布式锁的概念请扫描二维码。

2. 使用 Redis-setnx 实现分布式锁

在以前的企业开发中，是使用 Redis 的 set(key,value,expire)方法将数据按照 key/value 的形式保存到 Redis 中，并可以为其设置超时（expire）时间。setnx 与 set 方法类似，同样具有保存数据的功能，且语法也为 setnx (key,value,expire)。与 set 方法不同的是，setnx

方法具有以下特性。

> 执行 setnx 方法后，当不存在对应 key 时，返回 1，表示设置成功。
> 执行 setnx 方法后，当存在对应 key 时，返回 0，表示设置失败。

在分布式集群系统中，只需要为每个需要被同步的操作规定一个固定的 key 值。当有节点的线程需要执行该操作时，首先去设置 key 值，如果设置成功，代表当前节点持有锁成功；如果设置失败，代表有其他线程正在持有该锁。拿到锁的线程可以按照流程执行一系列的操作，执行流程成功后需要释放锁，即将 setnx 设置的 key 值删除。其他线程可以继续持有该锁。为了防止线程内部的死循环及网络问题，一般在使用 setnx 设置锁的时候，需要为锁设置超时时间，即最大执行时间，超过该时间，锁自动释放。

如图 5.11 所示，加入分布式锁后，大觅网项目的下单执行流程如下。

（1）用户通过大觅网执行下单购买操作。

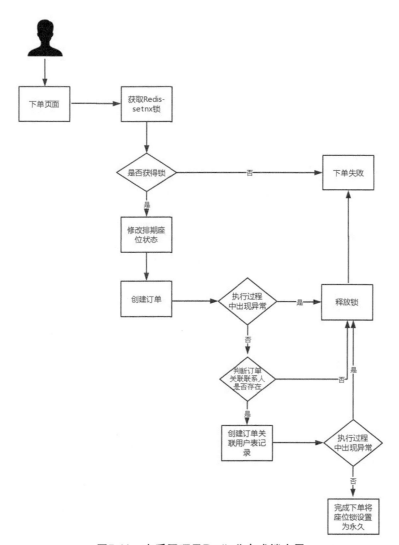

图5.11　大觅网项目Redis分布式锁应用

（2）应用程序接收并开始处理用户请求。

（3）获取 Redis-setnx 锁（可以用对应商品 id 作为 key 值），如果当前排期座位已经被其他线程锁定，则直接结束程序执行，返回下单失败的提示。

代码如示例 18 所示。

示例 18

```
//先把当前座位对应的剧场锁定，避免同时操作
while (!redisUtils.lock(String.valueOf(orderVo.getSchedulerId()))) {
    TimeUnit.SECONDS.sleep(3);
}
boolean isLock = false;
//查看当前排期座位是否已经被占用，如果被占用则直接返回
for (int i = 0; i < seatArray.length; i++) {
    if (EmptyUtils.isNotEmpty(redisUtils.
            get(orderVo.getSchedulerId() + ":" + seatArray[i]))) {
        isLock = true;
        break;
    }
}
if (isLock) {
    //座位已经被锁定，返回下订单失败
    redisUtils.unlock(String.valueOf(orderVo.getSchedulerId()));
    throw new BaseException(OrderErrorCode.ORDER_SEAT_LOCKED);
}
```

（4）线程获得锁后，进行自身业务的实现，具体业务包含修改排期座位的状态、创建订单、创建订单关联用户表记录，整个过程中如果出现任何异常，则释放锁结束下单操作。此处以创建订单失败的情况为例，代码如示例 19 所示。

示例 19

```
try {
    orderId = restDmOrderClient.qdtxAddDmOrder(dmOrder);
} catch (Exception e) {
    //订单创建失败，需要重置锁定的座位信息
    sendResetSeatMsg(dmSchedulerSeat.getScheduleId(), seatArray);
    //释放锁
    redisUtils.unlock(String.valueOf(orderVo.getSchedulerId()));
    throw new BaseException(OrderErrorCode.ORDER_NO_DATA);
}
```

unlock()方法的代码如示例 20 所示。

示例 20

```
public void unlock(String key) {
```

```
            redisTemplate.setKeySerializer(new StringRedisSerializer());
            //设置序列化 Value 的实例化对象
            redisTemplate.setValueSerializer(new GenericJackson2JsonRedisSerializer());
            String lockKey = generateLockKey(key);
            RedisConnection connection = redisTemplate.getConnectionFactory().getConnection();
            connection.del(lockKey.getBytes());
            connection.close();
      }
```

（5）如果没有出现异常，则将当前排期座位对应的锁设置为永久，代码如示例 21 所示。

示例 21

```
      private void setSeatLock(CreateOrderVo orderVo, String[] seatArray) {
            redisUtils.unlock(String.valueOf(orderVo.getSchedulerId()));
            for (int i = 0; i < seatArray.length; i++) {
                  redisUtils.set(orderVo.getSchedulerId() + ":" + seatArray[i], "lock");
            }
      }
```

技能训练

上机练习 2——使用 Redis-setnx 实现大觅网项目分布式锁

需求说明

搭建大觅网项目环境，自己编写业务方法使用 Redis-setnx 实现大觅网项目分布式锁，解决当多人同时购买同一个排期座位时，引发的数据不一致性问题。

本章总结

- 在微服务架构中，一个逻辑操作单元可能包含多个数据库操作，这些数据库操作又可能在不同的服务器中进行，此时就需要使用分布式事务来保证事务的最终一致性。
- 使用 RabbitMQ 实现分布式事务经常出现的异常有两个：一个是消息服务宕机，此时需要将消息进行持久化；另一个是消费者接收到消息实现自身业务时出现异常，此时可以将消息放到死信队列中，等异常解决之后再从死信队列中重新获取消息实现自身业务。
- 为了防止多个线程同时访问同一资源，往往会在线程访问的具体方法前或者对象上绑定 synchronized 关键字，从而保证同一时刻只能有一个线程访问该资源。在分布式集群架构的环境下，也会遇到类似的应用场景，在大觅网项目中使用 Redis-setnx 锁可以高效地解决这个问题。

> **本章作业**
>
> 1. 搭建大觅网环境，自己编写业务方法使用 RabbitMQ 实现大觅网项目下单功能，并保证事务的最终一致性。
> 2. 在作业 1 的基础上，加入 Redis-setnx 实现分布式锁，解决当多人同时购买同一个排期座位时，容易引发的数据不一致性问题。

第 6 章

分布式部署实现

技能目标

- ❖ 理解负载均衡机制
- ❖ 掌握使用 Spring Cloud Ribbon 实现服务负载均衡
- ❖ 掌握使用 Spring Cloud Zuul 实现微服务统一网关
- ❖ 掌握使用 Spring Cloud Config 实现分布式配置

本章任务

学习本章内容，需要完成以下 3 个工作任务。记录学习过程中遇到的问题，可以通过自己的努力或访问 ekgc.cn 解决。

任务 1：使用 Spring Cloud Ribbon 实现大觅网服务负载均衡

任务 2：使用 Spring Cloud Zuul 实现大觅网微服务统一网关

任务 3：使用 Spring Cloud Config 实现大觅网分布式配置

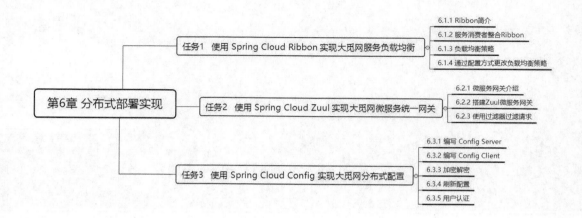

任务 1　使用 Spring Cloud Ribbon 实现大觅网服务负载均衡

6.1.1　Ribbon 简介

　　使用分布式微服务架构的应用系统，在部署的时候通常会为部分或者全部微服务搭建集群环境，通过提供多个实例来提高系统的稳定性。既然有多个服务实例，那么调用的时候应该如何选择呢？这就需要实现一定的负载均衡策略。

　　实现负载均衡主要有两种方式，第一种是通过服务端进行负载均衡，第二种是通过客户端进行负载均衡。服务端方式的实现原理是通过反向代理并按照某种负载均衡策略把客户端请求分发到可用的服务端节点上，如 Nginx。客户端方式的实现原理是在客户端先获取所有可用的服务端节点，再通过某种负载均衡策略选择其中一个节点进行访问。

　　Ribbon 就是一种客户端负载均衡的实现，它是由 Netflix 发布的一个基于 HTTP 和 TCP 的客户端负载均衡工具。服务消费者集成 Ribbon 后，只需要配置服务提供者地址，Ribbon 就可以基于指定的负载均衡算法，自动帮服务消费者分配请求。Ribbon 提供了很多常见的负载均衡算法，如轮询、随机、权重等。作为 Spring Cloud 体系中的一员，Ribbon 可以和 Eureka 方便地结合使用，可以直接从 Eureka Server 中获取所有服务提供者的节点地址，然后根据指定的负载均衡策略选择某个节点进行访问。

6.1.2　服务消费者整合 Ribbon

　　在 2.3.1 节中示例 11～示例 16 完成的项目 dm-user-consumer、dm-user-provider 的基础上，为消费者 dm-user-consumer 整合 Ribbon。整合 Ribbon 需要添加以下依赖。

```
<dependency>
    <groupId>org.springframework.cloud</groupId>
    <artifactId>spring-cloud-starter-ribbon</artifactId>
</dependency>
```

　　因为项目中已经添加了 spring-cloud-starter-eureka-server 依赖，其中包含了 Ribbon，

所以不用再单独引入。

修改 dm-user-provider 项目，在 UserService 类中，将 login()方法的参数修改为 int 类型，并增加日志输出来打印当前的服务节点和端口信息，关键代码如示例 1 所示。

示例 1

```java
@RestController
public class UserService {
    private Logger logger = LoggerFactory.getLogger(UserService.class);
    @RequestMapping(value = "/login", method = RequestMethod.GET)
    public String login(@RequestParam("count") int count) throws Exception {
        logger.info("login>>>" + count + " dm-user-provider-8081");
        return "用户登录验证";
    }
}
```

复制 dm-user-provider 项目，修改其 artifactId 为 dm-user-provider-second，同时修改 dm-user-provider-second 项目的服务端口为 8085，修改 UserService 类的 login()方法中日志输出的节点和端口信息，关键代码如示例 2 所示。

示例 2

```java
@RestController
public class UserService {
    private Logger logger = LoggerFactory.getLogger(UserService.class);
    @RequestMapping(value = "/login", method = RequestMethod.GET)
    public String login(@RequestParam("count") int count) throws Exception {
        logger.info("login>>>" + count + " dm-user-provider-second-8085");
        return "用户登录验证";
    }
}
```

修改 dm-user-consumer 项目的 UserFeignClient 接口，在 login()方法中添加 int 类型参数。修改 LoginController 类的 login()方法，多次调用接口。关键代码如示例 3 所示。

示例 3

```java
@RestController
public class LoginController {
    @Autowired
    private UserFeignClient userFeignClient;
    @RequestMapping("/login")
    public String login() {
        for (int i = 0; i < 10; i++) {
            //多次调用 Provider 服务
            userFeignClient.login(i);
        }
        return "ribbon 负载";
    }
}
```

依次启动 dm-eureka-server、dm-user-provider、dm-user-provider-second、dm-user-consumer。访问 dm-user-consumer 的 login()方法，通过日志可以查看具体的调用信息，如图 6.1 和图 6.2 所示的 10 次请求分别调用了不同的服务节点。

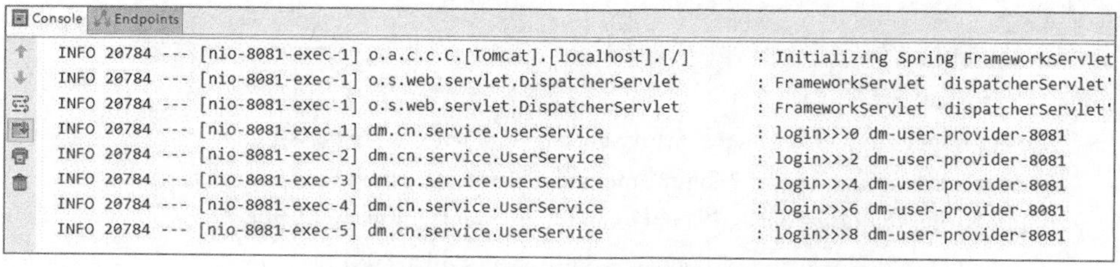

图6.1　调用dm-user-provider服务

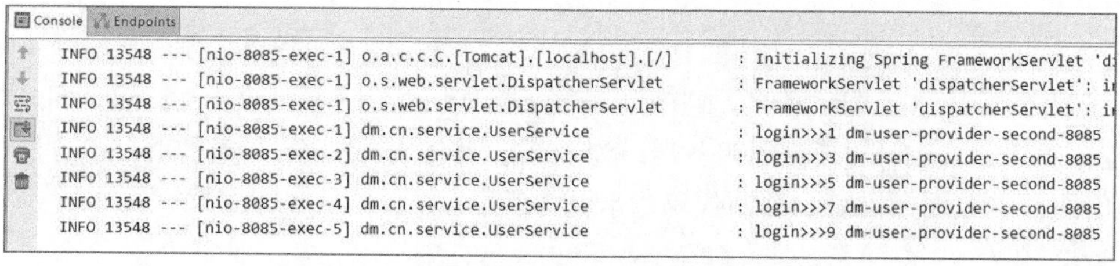

图6.2　调用dm-user-provider-second服务

6.1.3　负载均衡策略

从示例 1～示例 3 可以看到，配置负载均衡后会平均访问不同的服务节点，除了轮询策略，常用的还有以下负载均衡策略。

- WeightedResponseTimeRule：根据响应时间分配一个 weight（权重），响应时间越长，weight 越小，被选中的可能性越低。
- RoundRobinRule：轮询选择服务节点（此为默认的负载均衡策略）。
- RandomRule：随机选择一个服务节点。
- ZoneAvoidanceRule：综合考虑服务节点所在区域的性能和服务节点的可用性来选择服务节点。
- RetryRule：重试机制。在一个配置时间段内，当选择服务节点不成功时会一直尝试重新选择。
- BestAvailableRule：选择一个并发请求最小的服务节点。
- AvailabilityFilteringRule：过滤掉那些因为一直连接失败而被标记为 circuit tripped 的服务节点和那些高并发的服务节点（active connections 超过配置的阈值）。

6.1.4　通过配置方式更改负载均衡策略

从 Spring Cloud Netflix 1.2.0 开始，Ribbon 开始支持通过属性配置的方式改变 Ribbon 的负载均衡策略，这种方式比编写 Java 代码方式要方便很多。下面讲解如何通过配置文件来更改负载均衡策略。

在 dm-user-consumer 项目的配置文件 application.yml 中增加配置来实现随机访问，关键代码如示例 4 所示。

示例 4

```
dm-user-provider:
  ribbon:
    NFLoadBalancerRuleClassName: com.netflix.loadbalancer.RandomRule
```

提示

其他负载均衡策略均定义在 com.netflix.loadbalancer 包中，可以根据需要从中选择合适的策略。

然后重启服务，重新访问，通过日志可以看到访问已经变成随机调用接口，如图 6.3 和图 6.4 所示。

```
8-07-28 13:43:01.315  INFO 20784 --- [nio-8081-exec-7] dm.cn.service.UserService    : login>>>0 dm-user-provider-8081
8-07-28 13:43:01.344  INFO 20784 --- [nio-8081-exec-8] dm.cn.service.UserService    : login>>>3 dm-user-provider-8081
8-07-28 13:43:01.347  INFO 20784 --- [nio-8081-exec-9] dm.cn.service.UserService    : login>>>4 dm-user-provider-8081
8-07-28 13:43:01.349  INFO 20784 --- [io-8081-exec-10] dm.cn.service.UserService    : login>>>5 dm-user-provider-8081
8-07-28 13:43:01.354  INFO 20784 --- [nio-8081-exec-1] dm.cn.service.UserService    : login>>>7 dm-user-provider-8081
8-07-28 13:43:01.361  INFO 20784 --- [nio-8081-exec-2] dm.cn.service.UserService    : login>>>9 dm-user-provider-8081
```

图6.3　随机调用dm-user-provider 服务

```
13:43:01.332  INFO 13548 --- [nio-8085-exec-7] dm.cn.service.UserService    : login>>>1 dm-user-provider-second-8085
13:43:01.339  INFO 13548 --- [nio-8085-exec-8] dm.cn.service.UserService    : login>>>2 dm-user-provider-second-8085
13:43:01.352  INFO 13548 --- [nio-8085-exec-9] dm.cn.service.UserService    : login>>>6 dm-user-provider-second-8085
13:43:01.358  INFO 13548 --- [io-8085-exec-10] dm.cn.service.UserService    : login>>>8 dm-user-provider-second-8085
```

图6.4　随机调用dm-user-provider-second 服务

技能训练

上机练习 1——为项目整合 Ribbon 实现负载均衡

需求说明

为 2.3.1 节中的 dm-user-consumer 项目整合 Ribbon，然后启动多个 Provider 项目，实现随机访问不同的 Provider 服务。

任务 2　使用 Spring Cloud Zuul 实现大觅网微服务统一网关

6.2.1　微服务网关介绍

1. 为什么需要使用微服务网关

微服务网关最重要的功能就是可以实现路由转发和过滤。在微服务架构体系中，一个项目会包含多个微服务，并且每个微服务都会独立部署，提供不同的网络地址，客户端可能通过调用多个微服务的接口完成一个用户请求，这样会带来以下几个明显的问题。

- 客户端多次请求不同的微服务，增加了客户端的复杂性。
- 每个服务都需要独立认证，过于复杂。
- 存在跨域请求，在特殊场景下处理会比较复杂。
- 难以重构。

通过网关就可以解决以上问题。微服务网关是存在于客户端和服务端的中间层，客户端发来的所有请求都会先通过微服务网关再转发到真正的微服务进行处理。

2. Zuul 介绍

Zuul 是 Netflix 开源的微服务网关，它可以和 Eureka、Ribbon、Hystrix 等组件配合使用。Zuul 组件的核心是一系列的过滤器，通过 Zuul 可以完成以下功能。

- 身份认证和安全。
- 审查与监控。
- 动态路由。
- 静态响应处理。
- 弹性负载均衡。

6.2.2 搭建 Zuul 微服务网关

1. 创建服务

创建一个新的 Spring Boot 项目，指定 artifactId 为 dm-gateway-zuul，添加 Zuul 依赖，关键代码如示例 5 所示。

示例 5

```
...
<dependency>
    <groupId>org.springframework.cloud</groupId>
    <artifactId>spring-cloud-starter-eureka</artifactId>
    <version>1.3.5.RELEASE</version>
</dependency>
<dependency>
    <groupId>org.springframework.cloud</groupId>
    <artifactId>spring-cloud-starter-zuul</artifactId>
    <version>1.3.5.RELEASE</version>
</dependency>
...
<dependencyManagement>
    <dependencies>
        <dependency>
            <groupId>org.springframework.cloud</groupId>
            <artifactId>spring-cloud-dependencies</artifactId>
            <version>Dalston.SR4</version>
```

```xml
            <type>pom</type>
            <scope>import</scope>
        </dependency>
    </dependencies>
</dependencyManagement>
```

修改 application.yml 配置文件，指定服务端口、Eureka Server 地址等信息，关键代码如示例 6 所示。

示例 6
```yaml
spring:
  application:
    name: dm-gateway-zuul
server:
  port: 7600
zuul:
  routes:
    dm-user-consumer: /user/**
eureka:
  client:
    service-url:
      defaultZone: http://root:123456@localhost:7776/eureka/
```

为启动类添加注解@EnableZuulProxy，使用该注解声明了 Zuul 代理，并且默认使用 Ribbon 实现了负载均衡，同时也包含了 Hystrix 容错处理。这样，一个最简单的网关服务就创建好了。

2．路由配置

想要利用网关管理访问路径，需要在网关项目中配置访问路径映射。以大觅网项目为例，在 dm-gateway-zuul 的 application.yml 配置文件中增加各个微服务的路由设置，关键代码如示例 7 所示。

示例 7
```yaml
zuul:
  routes:
    dm-user-consumer: /user/**
    dm-item-consumer: /item/**
    dm-order-consumer: /order/**
    dm-base-consumer: /base/**
    dm-pay-consumer: /pay/**
    dm-scheduler-consumer: /scheduler/**
    dm-file-consumer: /file/**
    dm-item-search: /search/**
```

routes 节点下的具体格式为：微服务名: 映射路径。其中，微服务名是各个微服务在 Eureka Server 中的注册名称，映射路径可以自定义。

如果要访问 dm-user-consumer 微服务的方法，需要在正常的访问地址前增加前缀，具体前缀需要和文件中配置的一致，比如原 dm-user-consumer 服务的登录接口地址为 http://localhost:7100/api/p/login，在增加了网关后，访问地址将变为 http://localhost:7600/user/api/p/login，此时再访问网关的服务，就会被转发到 dm-user-consumer 服务下的 /api/p/login 接口方法去处理。

6.2.3 使用过滤器过滤请求

通过前面的设置已经可以让网关转发请求，思考一下，是否可以在转发之前先做一些事情，比如在转发请求时对必要的参数进行验证，这样做可以提升系统的处理效率。

在网关中提供了四种标准的过滤器：PRE、ROUT、POST、ERROR。

- PRE：请求被路由转发到微服务之前调用的过滤器。
- ROUT：请求被路由转发到微服务时调用的过滤器。
- POST：请求被路由转发到微服务之后调用的过滤器。
- ERROR：在其他阶段发生错误时调用的过滤器。

在大觅网项目中，网关每次转发请求前都增加了参数验证，要求所有的请求中必须携带 Header 参数 token，那么就要验证该 token 是否有效。如果通过该 token 可以查询到 Redis 服务中保存的用户登录信息，则代表有效，否则代表用户没有合法登录，不再进行请求转发，而是直接告知没有权限。下面来实现这样的过滤器。

创建一个类 PreFilter 并继承类 ZuulFilter，然后重写 filterType()、filterOrder()、shouldFilter()、run()方法。

其中，filterType()方法代表过滤器类型，这里返回"pre"；filterOrder()方法代表过滤顺序，这里直接返回 0 即可；shouldFilter()方法代表是否进行拦截过滤，这里设置为返回 true；run()方法用来确定在拦截之后需要执行的方法，这里进行 token 的获取和验证。大觅网项目的验证实现如示例 8 所示。

示例 8

```
@Component
public class PreFilter extends ZuulFilter {
    private static final Logger LOGGER = LoggerFactory.getLogger(PreFilter.class);
    @Autowired
    private RedisUtils redisUtils;
    @Override
    public String filterType() {
        return "pre";
    }
    @Override
    public int filterOrder() {
        return 0;
    }
    @Override
    public boolean shouldFilter() {
```

```java
            return true;
        }
        @Override
        public Object run() {
            RequestContext ctx = RequestContext.getCurrentContext();
            HttpServletRequest request = ctx.getRequest();
            String accessToken = request.getHeader("token");
            String requestUrl = request.getRequestURI().toString();
            if (requestUrl.split("/")[3].equals("p")) {
                //此接口不需要 token 验证，直接通行
                return "pass";
            }
            if (null == accessToken || !redisUtils.exist(accessToken)) {
                LOGGER.warn("access token is empty");
                ctx.setSendZuulResponse(false);
                ctx.setResponseStatusCode(401);
                ctx.setResponseBody(JSONObject.toJSON(DtoUtil.returnFail(
                        "401! Access without permission, please login first.", "0001")).toString());
                return "Access denied";
            }
            LOGGER.info("access token ok");
            return "pass";
        }
    }
```

每次转发请求前都会根据请求的地址再结合大觅网的接口规则来判断是否需要验证 token，如果不需要，则直接转发请求；如果需要，就会获取请求 Header 中携带的 token 参数，通过该 token 在 Redis 数据库中进行查询，如果能够查询到具体的用户登录信息，则继续转发请求，否则视为无效请求，并返回"401! Access without permission, please login first."的提示信息。然后需要修改启动类，添加过滤器定义，关键代码如示例 9 所示。

示例 9

```java
@Bean
public PreFilter preFilter() {
    return new PreFilter();
}
```

在大觅网项目中，提交评论接口需要验证 token。下面通过 Postman 来模拟请求此接口，在不添加 token 和添加 token 时访问接口的处理结果分别如图 6.5 和图 6.6 所示。

如果想要禁用过滤器，在 application.yml 配置文件中增加如下配置。

zuul.<SimpleClassName>.<filterType>.disable=true

添加后即可禁用名称为 SimpleClassName 的过滤器。比如想要禁用示例 8 中的过滤器，需要添加如下配置。

zuul:
　　PreFilter:

pre:
　　disable: true

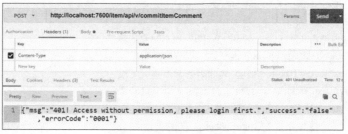

图6.5　无token拒绝请求

图6.6　有token通过请求

技能训练

上机练习 2——实现大觅网网关处理

需求说明

实现大觅网网关，在项目中需要验证请求 Header 中的 token 是否有效。以 token 为 key 获取 Redis 服务中对应的用户信息，如果不为空，则代表 token 有效请求通过，否则代表 token 无效，返回拒绝提示信息。

了解网关扩展内容请扫描二维码。

聚合微服务

任务3　使用 Spring Cloud Config 实现大觅网分布式配置

　　Spring Cloud Config 是一个配置管理工具，通过它可以将配置信息放到远程服务器，来集中化管理集群配置，目前支持本地存储、Git 以及 Subversion。本书只讲解如何配合 Git 来管理配置。

Spring Cloud Config 分为 Config Server 和 Config Client，Config Server 启动后就和配置仓库保持连接，而 Config Client 通过访问 Config Server 来获取配置信息。

6.3.1 编写 Config Server

1．创建配置文件

本书选用码云作为 Git 仓库，首先在码云中创建名称为 env-project 的项目；然后在 env-project 项目中创建 sprint2.0_dev 分支，切换到 sprint2.0_dev 分支后创建 config-repo 文件夹；最后在 config-repo 文件夹中创建名称为 client-dev.properties 的文件，在文件中添加以下配置内容。

```
eureka.port=9006
```

2．创建项目并添加依赖

创建一个新的 Spring Boot 项目并指定 artifactId 为 dm-config-server。在 dm-config-server 项目的 pom.xml 文件中添加依赖。关键代码如示例 10 所示。

示例 10

```xml
…
<dependency>
    <groupId>org.springframework.cloud</groupId>
    <artifactId>spring-cloud-config-server</artifactId>
</dependency>
<dependency>
    <groupId>org.springframework.cloud</groupId>
    <artifactId>spring-cloud-starter-eureka</artifactId>
    <version>1.3.5.RELEASE</version>
</dependency>
…
<dependencyManagement>
    <dependencies>
        <dependency>
            <groupId>org.springframework.cloud</groupId>
            <artifactId>spring-cloud-dependencies</artifactId>
            <version>Dalston.SR4</version>
            <type>pom</type>
            <scope>import</scope>
        </dependency>
    </dependencies>
</dependencyManagement>
```

3．添加注解

为启动类添加两个注解@EnableConfigServer 和@EnableDiscoveryClient。

4．修改配置文件

修改项目的 application.yml 配置文件，关键代码如示例 11 所示。

示例 11

```
server:
  port: 7900
spring:
  cloud:
    config:
      server:
        git:
          uri: Git 仓库地址
          username: 账号名称
          password: 账号密码
          search-paths: config-repo
  application:
    name: dm-config-server
eureka:
  client:
    service-url:
      defaultZone: http://root:123456@localhost:7776/eureka/
```

其中，各配置选项的作用如下。

- uri：配置 Git 仓库的地址。
- username：有 Git 仓库读取权限的账号名称。
- password：有 Git 仓库读取权限的账号密码。
- search-paths：查找配置文件的根目录。

启动 2.2.2 节中创建的服务 dm-eureka-server，然后启动服务 dm-config-server，启动成功后可以在 Eureka Server 的主页中看到注册的 Config Server。

接下来访问 Config Server 提供的端点来获取配置文件的具体内容，端点和配置文件的映射规则为：/{application}/{profile}/{label}。

- {application}对应 Git 仓库中文件名的前缀，通常使用微服务名称。
- {profile}对应{application}-后面的数值。在同一个分支下可以有多个{application}名称相同的文件，例如{application}-dev、{application}-pro、{application}-test，dev 代表开发环境，pro 代表生产环境，test 代表测试环境。
- {label}对应 Git 仓库的分支名，默认为 master。

以刚创建的配置文件 client-dev.properties 为例，获取文件中的信息只需要访问地址 http://localhost:7900/client/dev/sprint2.0_dev 即可。这里访问 sprint2.0_dev 分支，访问后可以看到返回信息中的 source 节点里保存的就是 client-dev.propertie 文件的内容，如下所示。

```
{
  "name": "client",
  "profiles": [
    "dev"
  ],
  "label": "sprint2.0_dev",
```

```
    "version": "6cc0539627ef055ceeb4ecf294f5c8c0d8cfe141",
    "state": null,
    "propertySources": [
        {
            "name":"https://gitee.com/zzshang/env-project.git/config-repo/client-dev.properties",
            "source": {
                "eureka.port": "9006"
            }
        }
    ]
}
```

6.3.2 编写 Config Client

以大觅网项目为例,其中的 dm-gateway-zuul 项目就是需要读取远程配置的 Config Client。

1. 创建配置文件

首先在 sprint2.0_dev 分支的 config-repo 文件夹下创建针对该项目的配置文件:dm-gateway-zuul-dev.properties,并添加如下内容。

```
eureka.port=7776
```

2. 添加依赖

在 dm-gateway-zuul 项目的 pom.xml 文件中追加依赖。关键代码如示例 12 所示。

示例 12

```xml
<dependency>
    <groupId>org.springframework.cloud</groupId>
    <artifactId>spring-cloud-starter-config</artifactId>
</dependency>
```

3. 创建配置文件 bootstrap.yml

bootstrap.yml 和 application.yml 一样,都是 Spring Boot 项目的配置文件,只是 bootstrap.yml 侧重于配置需要更早读取的信息,如配置 application.yml 中使用到的参数等。application.yml 侧重于配置应用程序信息,如配置程序中需要的公共参数等。bootstrap.yml 会先于 application.yml 被程序加载。在 Config Client 中需要将 Config Server 的信息配置在 bootstrap.yml 中,关键代码如示例 13 所示。

示例 13

```yaml
spring:
  application:
    name: dm-gateway-zuul
  cloud:
    config:
      label: sprint2.0_dev
      uri: http://localhost:7900/
      profile: dev
```

```
eureka:
  client:
    service-url:
      defaultZone: http://root:123456@localhost:7776/eureka/
```

- name 对应映射规则中的{application}部分
- uri 对应 Config Server 的地址
- profile 对应映射规则中的{profile}部分
- label 对应映射规则中的{label}部分

4．获取配置

在项目中获取配置，关键代码如示例 14 所示。

示例 14

```
@RestController
public class InfoController {
    @Value("${eureka.port}")
    private String port;
    @GetMapping("/port")
    public String getPort(){
        return "配置文件中的端口为："+this.port;
    }
}
```

5．验证测试

访问地址 http://localhost:7600/port，可以获取 Git 仓库中配置文件保存的信息，结果如图 6.7 所示。

图6.7　获取配置文件信息

6.3.3 加密解密

1．安装 JCE

JCE 是 Java 提供的用于加密解密的工具包，JRE 中自带，但是默认使用的是有长度限制的版本，如果想要去掉长度限制，需要在 Config Server 的运行环境中安装不限长度的 JCE 版本。

首先下载 JCE 文件，本节下载的是 JDK8 对应的版本。下载并解压后，把里面的 local_policy.jar 和 US_export_policy.jar 文件放到 JDK 或 JRE 的 security 目录下，覆盖原文件即可。

- JDK 覆盖：将两个 jar 文件放到%JDK_HOME%\jre\lib\security 下。
- JRE 覆盖：将两个 jar 文件放到%JRE_HOME%\lib\security 下。

> **注意**
> JCE 要安装在 Config Server 所在的机器，如果开发机器和部署机器不是同一台机器，则两个环境都需要安装 JCE。

2. 开启加密

启动 Config Server 程序后会默认启动几个端点，如图 6.8 所示。

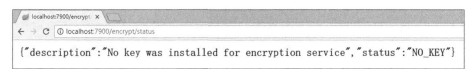

图6.8　Config Server加密解密端点

- /encrypt/status：查看加密功能状态的端点。
- /key：查看密钥的端点。
- /encrypt：对请求的 Body 内容进行加密的端点。
- /decrypt：对请求的 Body 内容进行解密的端点。

此时访问地址 http://localhost:7900/encrypt/status，可以看到如图 6.9 所示的结果。

{"description":"No key was installed for encryption service","status":"NO_KEY"}

图6.9　加密端点不可用

以上返回信息说明当前配置中心的加密功能还不能使用，因为没有为加密服务配置对应的密钥。在 Config Server 的配置文件 bootstrap.yml 中添加密钥配置，关键代码如示例 15 所示。

示例 15

```
encrypt:
  key: dm
```

key 是用来设置加密和解密的密钥，此时再次访问地址 http://localhost:7900/encrypt/status，结果如图 6.10 所示。

图6.10　加密端点可用

> **注意**
>
> 在 Spring Boot 和 Spring Cloud 版本下,密钥 encrypt.key 必须配置到 bootstrap.yml 文件中才能生效。

3. 对数据加密

访问地址 http://localhost:7900/encrypt,注意必须以 POST 方式发送请求,参数通过请求体来发送,设置为 123456,请求后得到加密的结果 13a7be211b5cf1c0a7b06fb3d790f5eca3d8be1d9e71cca37af1cd972ecfefa2,如图 6.11 所示。

图6.11 加密数据

4. 对数据解密

访问地址 http://localhost:7900/decrypt,同样必须以 POST 方式发送请求,参数通过请求体来发送,设置为 13a7be211b5cf1c0a7b06fb3d790f5eca3d8be1d9e71cca37af1cd972ecfefa2,请求后得到解密的结果 123456,如图 6.12 所示。

图6.12 解密数据

5. 存储和解析加密数据

现在开始在项目中对配置文件的数据进行解密。在解密之前,首先对想要加密的数据进行加密,然后保存在配置文件中。以大觅网项目为例,在网关接收到请求时首先需要判断是否需要严格进行参数校验，因为在开发过程中往往会忽略掉一些验证，在测试和上线阶段才会严格验证所有参数，可以把这个是否需要验证的开关放到线上配置文件中。在 dm-gateway-zuul-dev.properties 文件中添加配置，关键代码如示例 16 所示。

示例 16

tokenValidation={cipher}d281a9cdc2b4a973f9b6372b7951a24afe605e3a875ae0b742d35d68cb132271

tokenValidation 的值为 true 加密之后的值，{cipher}前缀用来标注该内容是一个加密值，当微服务客户端加载配置时，配置中心会自动为带有{cipher}前缀的值进行解密。

（1）即使是相同的值，每次加密后的结果也可能不一样，以实际加密结果为准。

（2）配置文件如果是 yml 文件，tokenValidation 的值必须加单引号；如果是 properties 文件，则不能加单引号，否则不能正常解析。

在 dm-gateway-zuul 项目的 PreFilter 类中添加对配置参数的解析，关键代码如示例 17 所示。

示例 17

```
@Component
public class PreFilter extends ZuulFilter {
    private static final Logger LOGGER = LoggerFactory.getLogger(PreFilter.class);
    @Autowired
    private RedisUtils redisUtils;
    @Override
    public String filterType() {
        return "pre";
    }
    @Override
    public int filterOrder() {
        return 0;
    }
    @Override
    public boolean shouldFilter() {
        return true;
    }
    @Value("${tokenValidation}")
    private boolean tokenValidation;
    @Override
    public Object run() {
        //根据线上配置决定是否需要开启 token 验证
        LOGGER.info("参数 tokenValidation:    "+tokenValidation);
        if (!tokenValidation) {
            return "pass";
```

```
    }
    RequestContext ctx = RequestContext.getCurrentContext();
    HttpServletRequest request = ctx.getRequest();
    String accessToken = request.getHeader("token");
    String requestUrl = request.getRequestURI().toString();
    if (requestUrl.split("/")[3].equals("p")) {
        //此接口不需要 token 验证，直接通行
        return "pass";
    }
    if (null == accessToken || !redisUtils.exist(accessToken)) {
        LOGGER.warn("access token is empty");
        ctx.setSendZuulResponse(false);
        ctx.setResponseStatusCode(401);
        ctx.setResponseBody(JSONObject.toJSON(DtoUtil.returnFail(
                "401! Access without permission, please login first.", "0001")).toString());
        return "Access denied";
    }
    LOGGER.info("access token ok");
    return "pass";
}
```

运行项目，会发现获取到 tokenValidation 参数的时候能够自动解析为布尔类型值。

技能训练

上机练习 3——实现大觅网分布式配置

需求说明

搭建大觅网 Config Server，并将一个布尔值参数加密后放到配置文件中。在 dm-gateway-zuul 项目中对加密参数进行解密，并根据解密后的参数判断是否需要验证 token。

提示

上机练习 3 的实现可参考示例 12 ~ 示例 17。

6.3.4 刷新配置

Spring Cloud Config 可以在不重新启动服务的情况下刷新获取配置信息，具体的刷新配置方式有两种。

1. 手动刷新

继续改造 dm-gateway-zuul 项目，为其添加依赖，关键代码如示例 18 所示。

示例 18

```
<dependency>
    <groupId>org.springframework.boot</groupId>
    <artifactId>spring-boot-starter-actuator</artifactId>
</dependency>
```

然后为项目添加注解，关键代码如示例 19 所示。

示例 19

```
@RestController
@RefreshScope
public class InfoController {
    @Value("${eureka.port}")
    private String port;
    @GetMapping("/port")
    public String getPort(){
        return "配置文件中的端口为："+this.port;
    }
}
```

在 application.yml 文件中添加配置，关键代码如示例 20 所示。

示例 20

```
management:
  security:
    enabled: false
```

分别依次启动 dm-eureka-server、dm-config-server、dm-gateway-zuul 服务，访问地址 http://localhost:7600/port 查看返回的结果，如图 6.13 所示。

图6.13　查看配置端口

然后修改 Git 仓库 sprint2.0_dev 分支下的 dm-gateway-zuul-dev.properties 文件，将 eureka.port=7776 修改为 eureka.port=9006，刷新 http://localhost:7600/port，发现返回值没有变化。接着访问地址 http://localhost:7600/refresh，注意这个请求一定要通过 POST 方式发送，通过 GET 方式发送将无效。在 Postman 中访问后返回的结果如图 6.14 所示。

图6.14　访问刷新端点

> **注意**
>
> 如果访问/refresh 节点返回 401 错误：Full authentication is required to access this resource，需要确认示例 20 中的设置是否已经添加。

重新访问 http://localhost:7600/port，可以看到在不重启服务的情况下内容已经发生了变化，如图 6.15 所示。

图6.15　获取刷新后的端口信息

2．自动刷新

前面已经实现了通过/refresh 节点手动刷新，随着系统的扩张，微服务节点越来越多，每个节点都手动刷新，就会比较麻烦。在 Spring Cloud 体系中提供了解决方案，即通过 Spring Cloud Bus 来实现配置的自动刷新。

关于如何通过 Spring Cloud Bus 来实现自动刷新，限于篇幅本书不再赘述，读者可扫描二维码自行学习。

自动刷新

6.3.5　用户认证

在前面的示例中，Config Server 是允许自由访问的，没有进行更多的验证控制。在实际的环境中，为了防止配置内容泄露，可以像 Eureka Server 一样给 Config Server 添加用户认证。

1．添加依赖

改造 dm-config-server 项目，为其添加依赖，关键代码如示例 21 所示。

示例 21

```
<dependency>
    <groupId>org.springframework.boot</groupId>
    <artifactId>spring-boot-starter-security</artifactId>
</dependency>
```

2．添加配置

在 application.yml 文件中添加配置，关键代码如示例 22 所示。

示例 22

```
security:
  basic:
    enabled: true
  user:
```

```
password: 123456
name: root
```

这样就添加了基于 HTTP basic 的认证，启动服务，访问 http://localhost:7900/client/dev/sprint2.0_dev 查看端点信息，会提示需要输入用户名和密码，如图 6.16 所示。

图6.16　加密认证

Config Server 添加认证后，Config Client 要连接获取数据，同样需要更改连接配置，如果不配置正确的用户名和密码，会因为无法正确获取配置数据而导致程序无法成功启动。修改 application.yml 中的配置，关键代码如示例 23 所示。

示例 23

```
spring:
  cloud:
    config:
      uri: http://root:123456@localhost:7900/
```

➜ 本章总结

➢ 负载均衡有服务端负载均衡和客户端负载均衡两种实现方式，Ribbon 属于客户端负载均衡。通过 Ribbon 可以非常方便地实现常见的负载均衡策略，如轮询、随机、权重等。

➢ 网关可以帮助服务过滤请求，进行安全认证、聚合服务等。Zuul 是一套微服务网关实现方案，它可以和 Spring Cloud 的其他组件无缝融合，并且可以灵活配置是否启动过滤器。

➢ 分布式配置服务可以解决微服务架构下配置文件多而散的问题，Spring Cloud Config 提供了服务端和客户端的整套解决方案，在使用过程中需要注意不同格式配置文件的编写区别。

➜ 本章作业

基于 Ribbon+Zuul+Config 优化大觅网项目。

第 7 章

分布式数据存储

技能目标

- ❖ 了解搜索引擎的相关概念
- ❖ 了解 Elasticsearch 的相关概念
- ❖ 掌握 Elasticsearch 的相关语法
- ❖ 掌握使用 Java 程序调用 Elasticsearch
- ❖ 了解 Mycat 的概念
- ❖ 掌握使用 Mycat 管理 MySQL 数据库

本章任务

学习本章内容，需要完成以下 2 个工作任务。记录学习过程中遇到的问题，可以通过自己的努力或访问 ekgc.cn 解决。

任务 1：使用 Elasticsearch 实现商品全文检索

任务 2：使用 Mycat 实现水平分库

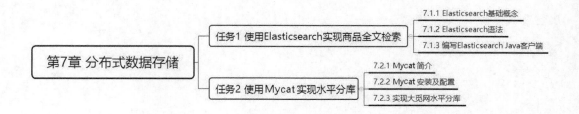

任务 1 使用 Elasticsearch 实现商品全文检索

大觅网提供了商品搜索的功能，用户可以根据关键词、城市、商品分类、节目开始时间等条件进行搜索，结果如图 7.1 所示。该功能应用在实际的生产环境中，具有以下特点。

- 高使用频率：分析大多数的用户行为可以得知，用户在选购商品前势必要进行对应商品的搜索工作。因此商品搜索是电商平台中用户流量较为集中的地方。
- 及时响应：用户执行搜索操作后，系统响应速度的快慢直接影响用户的使用体验。因此为了获得更高的用户留存率，商品搜索功能的及时响应至关重要。
- 全文检索：用户在执行搜索操作时，往往不能完整描述商品名称。因此系统需要根据用户输入的只言片语，对系统中的数据进行检索。生产环境中多采用全文检索技术对该功能进行实现。全文检索即将用户的输入转化为一个个的关键词，通过关键词对待检索数据进行匹配。
- 多条件组合：为了更精准地匹配用户的搜索需求，除了搜索关键词外，用户还可以输入其他查询条件（如城市、分类、演出时间等）对商品进行搜索。

综合以上项目需求，在本次大觅网项目开发中，选用搜索引擎组件来实现商品搜索的功能。常见的搜索引擎组件有 Lucene、Solr、Elasticsearch 等，各组件 LOGO 如图 7.2 所示。

- Lucene：Lucene 是一款高性能的、可扩展的信息检索工具库。除了高性能外，Lucene 对搜索功能的开发提供了强大支持，如短语查询、通配符查询、连接查询、分组查询等。但由于 Lucene 只是一个库，加之其自身的专业性和复杂性，开发者在使用 Lucene 前，必须要深入了解检索的相关知识。为了降低 Lucene 使用的复杂性，出现了两款针对 Lucene 的项目应用，即 Solr 和 Elasticsearch。
- Solr：Solr 是基于 Lucene 开发的一个独立的企业级搜索应用服务器，它对外提供基于 HTTP 请求的 Web 接口。用户可以直接通过 HTTP 请求携带搜索参数得到相应的返回结果。
- Elasticsearch：Elasticsearch 也是基于 Lucene 的搜索引擎应用服务器，采用简单的 RESTful API 来隐藏 Lucene 的复杂性。除此之外，Elasticsearch 对分布式部署提供了很好的支持，用户不需要过度关注分布式设计的细节，即可实现分布式搜索引擎系统的搭建。因此大觅网项目开发选用 Elasticsearch 作为搜索引擎服务器来实现商品搜索功能。

图7.1 商品搜索

图7.2 各组件LOGO

> Elasticsearch 除了可以用于全文检索外，还经常被用于大数据分析及大数据存储领域。

7.1.1 Elasticsearch 基础概念

在搭建 Elasticsearch 环境之前，需要了解以下有关 Elasticsearch 的基础概念。
➢ node：节点，即部署 Elasticsearch 程序的服务器。节点用来存储数据，并参与集群的索引和搜索功能。
- cluster：集群，集群中有多个节点，一般包含一个主节点和多个从节点。主节点可以通过选举产生。与传统集群不同，Elasticsearch 集群虽有主、从之分，但是对于外部程序调用而言，访问 Elasticsearch 中的任何一个节点和访问整个集群是等价的。即对于外部程序调用而言，Elasticsearch 是一个去中心化的集群。
- index：索引，index 在 Elasticsearch 中相当于关系型数据库管理系统中的 database。
- type：类型，对 index 数据的逻辑划分，相当于关系型数据库中的 table。
- document：文档，在 Elasticsearch 中每一条数据是以 JSON 格式来保存的。每一个 JSON 数据称为一个文档。在 Elasticsearch 中，文档对应于关系型数据库表中的一条记录。Elasticsearch 和关系型数据库结构的直观对比如表 7-1 所示。

表 7-1　Elasticsearch 和关系型数据库结构对比表

关系型数据库	Elasticsearch
database	index
table	type
row	document

- 文档三元素：在 Elasticsearch 中每个文档都是唯一的，确定文档是否唯一有三个要素，分别为_index、_type、_ID，即文档对应的索引、文档对应的类型以及文档的唯一标识 ID。
- shard：索引分片，Elasticsearch 支持把一个完整的索引分成多个分片并分布到不同的节点上，构成分布式搜索。分片的数量可以在索引创建前指定，索引一旦创建，则不可以再修改分片的数量。
- replicas：索引副本，Elasticsearch 可以对索引设置多个副本，一方面可以提高系统的容错性，当某个节点上的某个分片损坏或丢失时可以使用副本进行恢复，另一方面可以提高查询效率，利用副本，Elasticsearch 会自动对搜索请求进行负载均衡。

7.1.2　Elasticsearch 语法

参考第 4 章搭建 Elasticsearch+Kibana 环境。环境搭建成功后，可直接通过 Kibana 操作 Elasticsearch。Kibana 操作界面如图 7.3 所示。

Elasticsearch 对外提供了 HTTP RESTful 的请求方式，开发者可以通过 HTTP 请求进行数据的增删改查操作。Elasticsearch 常用的请求方式包括如下四种。
- GET：以 GET 方式进行请求，一般用于数据查询。
- POST：以 POST 方式进行请求，一般用于查询数据，有时也用于新增数据和修改数据。
- PUT：以 PUT 方式进行请求，一般用于添加数据、修改数据。
- DELETE：以 DELETE 方式进行请求，一般用于删除数据。

在生产环境中，常用到的 Elasticsearch 请求命令包括索引管理、文档管理以及数据查询。

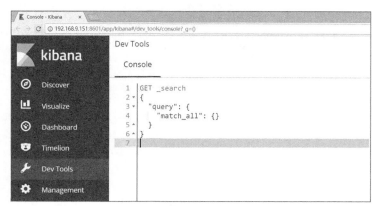

图7.3　kibana操作界面

1. 索引管理

在 Elasticsearch 中，针对索引的操作一般包含创建和删除索引以及为索引配置 type。

（1）创建索引

创建索引的命令如下所示，开发者在创建索引时可以对索引进行一系列的配置。

PUT/索引名称
{
　　"settings":{
　　　　"number_of_shards":分片数目，
　　　　"number_of_replicas":副本数
　　},"mappings":{
　　　　"type_one":{...anymappings...},
　　　　"type_two":{...anymappings...},
　　...
　　　　}
}

- settings 常用的配置项有两个，分别为 number_of_shards 和 number_of_replicas，即分片数和副本数。
- mappings 用来对 type 数据进行配置，下文中会有详细说明。

使用 PUT 命令创建名称为 sc_01 的索引，如图 7.4 所示。运行时，选中相应命令，单击执行按钮即可。

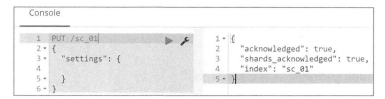

图7.4　创建索引sc_01

> **注意**
>
> 在 Elasticsearch 命令中，大多需要指定本次操作对应的索引、类型以及文档。为了便于区分操作的数据级别，可以通过"/"来表示层级关系。其中，一级目录代表索引，二级目录代表类型，三级目录多为文档 ID。一级目录前的"/"可省略，如创建索引 sc_01，可以使用"PUT /sc_01"命令，也可以使用"PUT sc_01"命令。

（2）删除索引

在 Elasticsearch 中删除索引的命令如下所示。

DELETE 索引名称

使用 DELETE 命令删除名称为 sc_01 的索引，如图 7.5 所示。

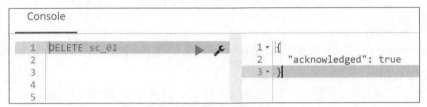

图7.5 删除索引sc_01

（3）配置 type

在新增索引时，可以在 mappings 中配置索引下的 type，包括如下选项。

➢ type 名称
➢ type 字段
➢ type 字段类型
➢ type 分词器

具体配置命令如下所示。

PUT 索引名称
```
{
    "settings":{
        ...省略部分配置
    },
    "mappings":{
        "type 名称":{
            "properties":{
                "字段 1 名称":{
                    "type":"字段 1 类型",
                    "analyzer":"分词器类型"
                },
```

```
            "字段 2 名称":{
                "type":"字段 2 类型"
                "analyzer":"分词器类型"
            }
        }
    }
}
```

在 mappings 中，首先需要指定 type 名称，properties 的内容为该 type 对应的字段集合，每个字段内部可以配置该字段的数据类型。Elasticsearch 中常见的数据类型如表 7-2 所示。

表 7-2　Elasticsearch 数据类型

一级分类	二级分类	具体类型
核心类型	字符串类型	text,keyword
	整数类型	integer,long,short,byte
	浮点类型	double,float,half_float,scaled_float
	逻辑类型	boolean
	日期类型	date
	范围类型	range
	二进制类型	binary
复合类型	数组类型	array
	对象类型	object
	嵌套类型	nested
地理类型	地理坐标类型	geo_point
	地理地图	geo_shape
特殊类型	IP 类型	ip
	范围类型	completion
	令牌计数类型	token_count
	抽取类型	percolator

除了可以配置字段的数据类型外，还可以配置字段的 analyzer（分词器）。分词即将一段文字转化成一个个的单词，为后期的全文检索做准备。Analyzer 常见的选项如下。

- StandardAnalyzer（标准分词器）：当不指定分词器时，系统默认采用的分词器。标准分词器删除了标点符号并将词汇小写，支持删除停用词。
- SimpleAnalyzer（简单分词器）：简单分词器策略将所有的字母变成小写，并且只对字母类词汇进行分词。
- WhitespaceAnalyzer（空格分词器）：空格分词器策略将所有的空格、回车去掉，并且不调整字母的大小写。

- LanguageAnalyzer（语言分词器）：顾名思义，语言分词器是按照语言的特点对存储内容进行分词，常用的语言分词器有english、french等。
- 自定义分词器：根据业务需求自定义分词器，比如本任务将使用的"ik_smart"分词器。关于IK分词器的安装请参考第4章内容搭建Elasticsearch+Kibana环境部分。

创建索引sc_01并创建名称为user的type，如图7.6所示。

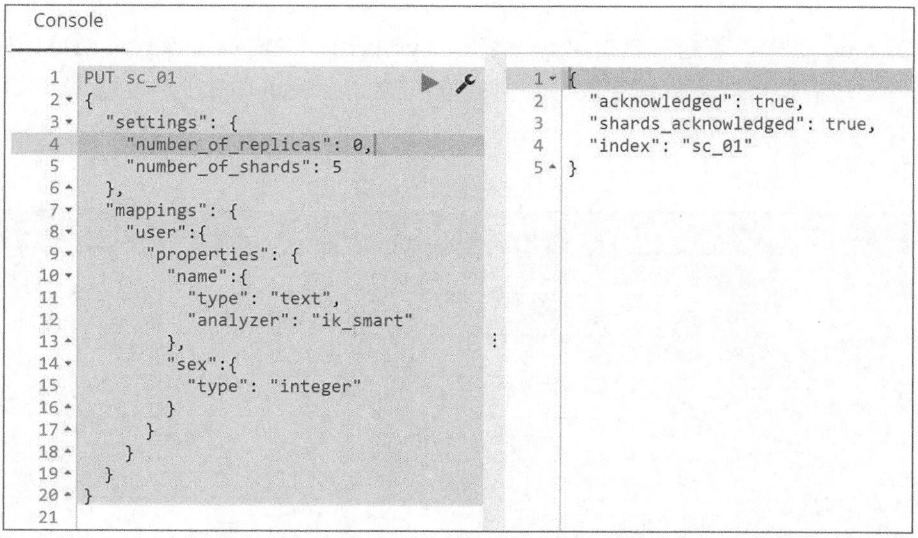

图7.6　创建索引sc_01并设置名称为user的type

> **注意**
>
> Elasticsearch提供默认的分词器策略StandardAnalyzer，不支持中文分词。如果要实现中文全文检索的功能，需要配置中文分词器，如IK分词器。

2. 文档操作

创建索引后，就可以在该索引下添加type及type对应的Document了。具体操作如下。

（1）新增文档

命令

PUT　/索引名称/类型名称/文档ID
{
　　"field_name":"field_value",
　　...
}

在索引（index）sc_01，类型（type）user下新增ID为02的Document，如图7.7所示。

图7.7　新增Document

> **注意**
> 如果在新增Document时，index中未定义type，则系统会首先新增对应的type，然后在该type下新增对应的Document。

新增完成后，可以通过search命令进行数据查询，如图7.8所示。更详细的查询语法会在后面讲解。

图7.8　使用search命令进行数据查询

> **注意**
> 如果使用POST命令添加文档时不指定文档ID，Elasticsearch会自动生成ID。

（2）修改文档

值得注意的是，在Elasticsearch中Document是不可改变的，即一旦数据录入便不能修改。如果业务需要对相关数据进行修改，可使用PUT命令重新对该数据进行录入，执行成功后，原数据将被替换为新数据，如图7.9和图7.10所示。

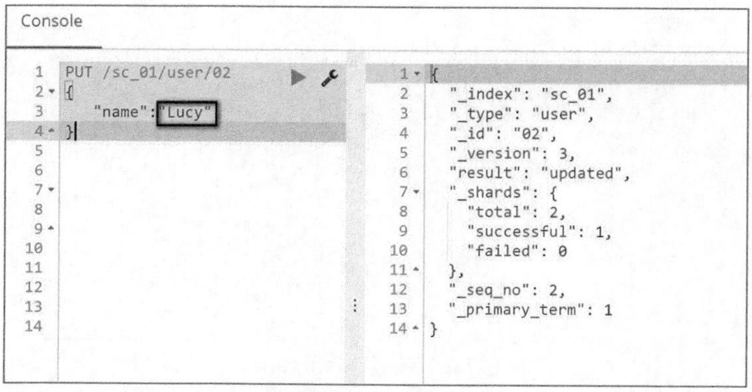

图7.9 修改ID为02的用户信息

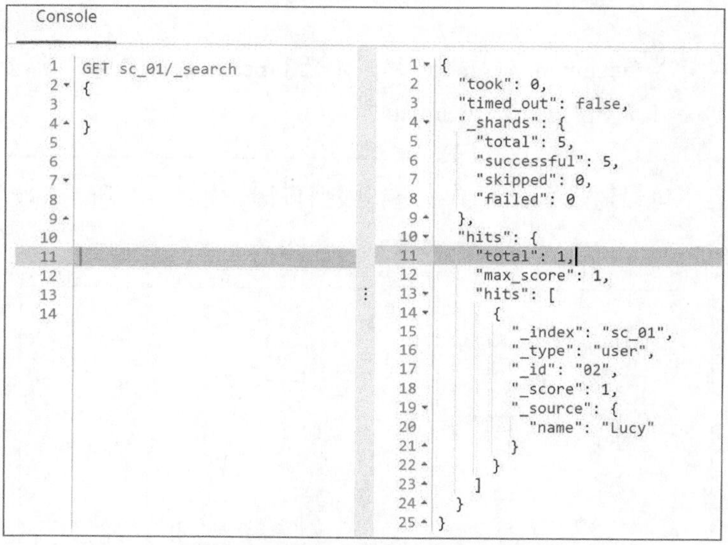

图7.10 使用search命令进行数据查询

（3）删除文档

命令

DELETE　/索引名称/类型名称/文档ID

使用 DELETE 命令删除 ID 为 02 的用户信息，如图 7.11 所示。

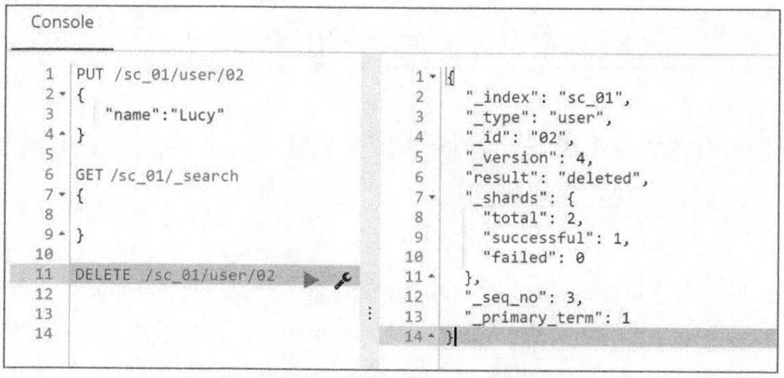

图7.11 删除ID为02的用户信息

3. 数据查询

Elasticsearch 提供专有的 DSL（领域特定语言）来定义查询语法，开发者需要按照 Elasticsearch 指定的语法来执行查询操作。

（1）空查询

即不带任何条件的查询，执行空查询后，会将所有的文档信息查询出来。对 Elasticsearch 执行空查询，查询结果如图 7.12 所示。

命令

GET　/_search

图7.12　空查询

在此需要关注 3 个查询结果中的参数。

- took：搜索请求耗费时间，单位为毫秒，如图 7.12 所示，本次查询耗费的时间为 6ms。
- _shards：查询中参与分片的总数，以及这些分片成功和失败的个数。正常情况下，集群中不会出现分片失败。但如果集群系统遭遇事故，就会引起部分分片故障。执行查询时，Elasticsearch 将报告哪些分片是失败的，并返回剩余分片的结果。
- timed_out：timed_out 值表示查询是否超时。默认情况下，搜索请求不会超时。执行查询时，timeout 参数设置如下所示。设置了 timeout 后，在请求超时之前，Elasticsearch 将会返回已经成功从每个分片获取的结果的集合。

命令

GET　/_search?timeout=超时时间（如 10ms）

注意

timeout 常见类型有三种，分别为 ms（毫秒）、s（秒）、m（分钟）。

➢ hits:查询出来的结果集,数据格式为JSON格式。

(2)指定索引、类型查询

即按照指定的索引(index)、类型(type)进行数据查询。如图 7.13 所示为查询 sc_01/user 下的全部数据。

命令

GET　/索引名称/类型名称/_search

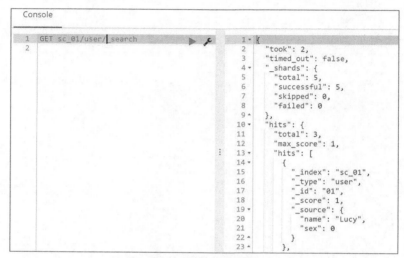

图7.13　特定索引、类型查询

 注意

Elasticsearch支持同时对多个index及type进行搜索,具体内容可查阅官方API。

(3)请求体查询

Elasticsearch 可以使用 query 子句将查询内容放置于请求体内进行结构化的查询。一般来说,query 子句包含两类查询,分别为过滤查询和匹配度查询。

➢ 过滤查询:类似于关系型数据库 SQL 中 where 子句的"="判断,即对要检索的文档做"="匹配,结果只有两个:匹配或不匹配。在过滤查询中可以设置诸如"性别为男性""身高为173cm"的查询条件,通常使用 filter+term 等子句来实现,如图 7.14 所示(代码中出现的 bool 子句和 term 子句会在下文进行讲解)。

 注意

filter 子句不能直接放在 query 子句中,常和 bool 子句等搭配使用。另外,Elasticsearch 会对用户经常使用的 filter 对应的结果数据进行缓存,以提高系统的查询性能。

图7.14 过滤查询

> 匹配度查询：当采用匹配度查询时，查询就变成了一个"评分"的查询。匹配度查询不仅判断这个文档是否匹配，还判断这个文档匹配得有多好（即匹配程度如何）。在匹配度查询中可以设置诸如"查询高档酒店""查询亲子类酒店""查询轻松一些的话剧"等搜索条件。在执行此类查询时，用户往往只有大致想法，系统需要根据用户的输入进行分析，之后再对数据进行检索，并在检索过程中对文档进行匹配度打分，分数会影响搜索结果的排序。匹配度查询通常使用 match 子句实现（match 子句会在后面讲解）。如图 7.15 所示为查询姓名中包含"李"的查询结果，可以看到其匹配度_score 为 0.2 左右。

图7.15 匹配度查询

（4）查询子句

在 Elasticsearch 中有很多用于查询匹配的子句，常用的有 match 子句、term 子句、

range 子句。

> match 子句：是一个标准查询，也是在实际中应用最多的查询。match 子句通常嵌套在 query 子句内，用于匹配度查询，如图 7.16 所示。

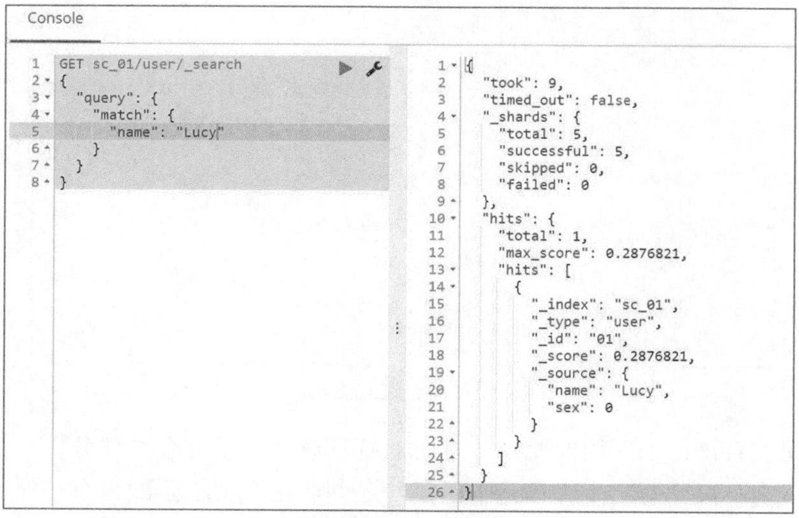

图7.16　match子句

> term 子句：term 查询用于精确值匹配，这些精确值可能是数字、时间、布尔值等。term 子句可直接用于 query 子句，也可用于 filter 子句，如图 7.17 所示。

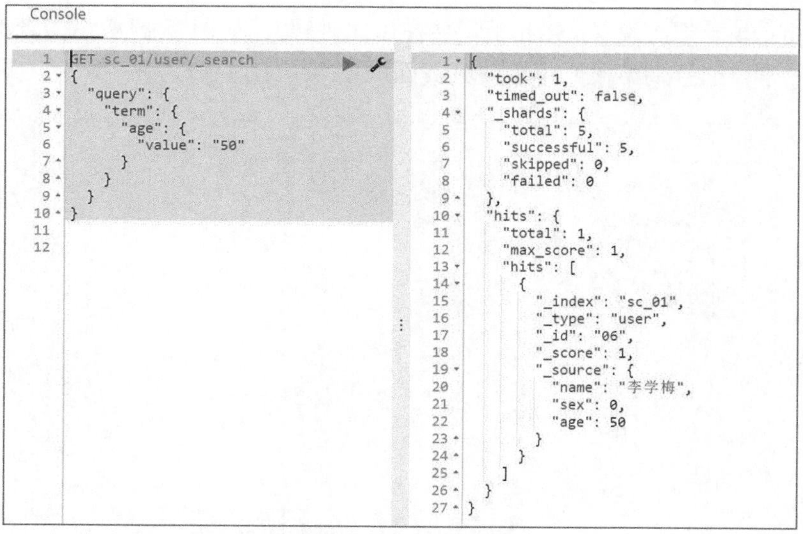

图7.17　term子句

> range 子句：顾名思义，即范围查询，类似于关系型数据库 SQL 中的大于、小于判断。range 查询可用于 query 子句，也可用于 filter 子句。如图 7.18 所示添加了三条 user 数据，并根据 age 进行范围查询，其中"gte"表示"大于等于"、"lte"表示"小于等于"。

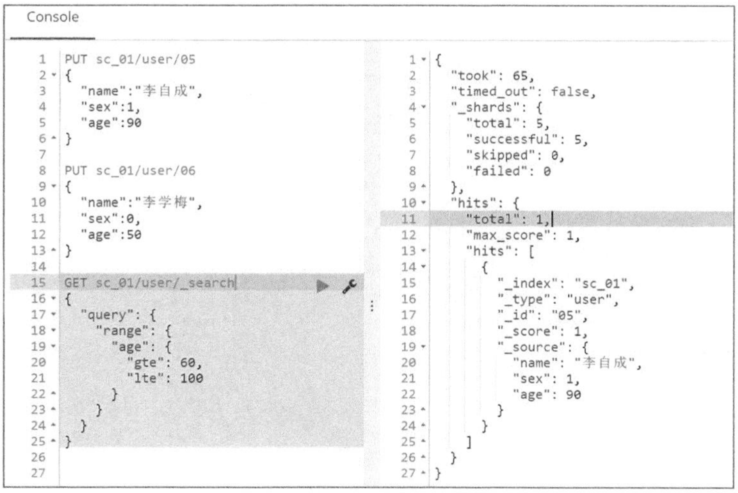

图7.18 range子句

（5）组合查询

实际应用开发中的查询需求一般比较复杂，往往需要匹配检索多个字段，并且根据一系列的标准来过滤。构建此类的高级查询，可以使用 bool 子句来实现。bool 子句包含 must、must_not、should、filter 子句。其中，在 must、must_not、should 子句中还可包含 match 子句、term 子句等。

- must：文档必须匹配这些条件才能被包含进来。
- must_not：文档必须不匹配这些条件才能被包含进来。
- should：如果文档满足 should 内的条件，将为该文档增加_score；否则，无任何影响。should 主要用于修正每个文档的相关性得分。
- filter：使用过滤模式来进行查询。这些查询语句对评分没有贡献，只是根据过滤标准来排除或包含文档。

bool 子句的查询结果如图 7.19 所示。

图7.19 bool子句

（6）分页查询

Elasticsearch 中的分页查询十分简单，只需要在查询体中设置 from 和 size 两个子句即可。from 代表分页起始的下标，size 代表分页的页大小。分页查询如图 7.20 所示。

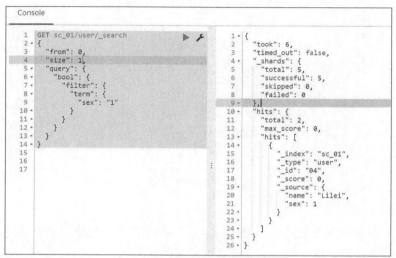

图7.20　分页查询

技能训练

上机练习 1——使用 Kibana 管理 Elasticsearch

需求说明

使用 Kibana 操作 Elasticsearch 实现索引的创建和删除。

使用 Kibana 操作 Elasticsearch 实现大觅网商品数据的增加、修改和删除。

使用 Kibana 操作 Elasticsearch 实现大觅网商品数据的查询。

7.1.3　编写 Elasticsearch Java 客户端

1. Java API

Elasticsearch 各版本的 Java API 差别较大，开发者在获取其 API 时，需要先确定版本，再根据对应版本找到 API。Maven 依赖如下所示。

```
<dependency>
    <groupID>org.elasticsearch.client</groupID>
    <artifactID>transport</artifactID>
    <version>6.2.4</version>
</dependency>
<dependency>
    <groupID>org.elasticsearch</groupID>
    <artifactID>elasticsearch</artifactID>
    <version>6.2.4</version>
</dependency>
```

（1）连接 Elasticsearch

在使用 Java 程序进行具体操作之前，首先需要连接 Elasticsearch 集群，连接的方式如下。首先创建 TransportClient 实例，并使用 addTransportAddress()方法添加 Elasticsearch 节点。

语法

```
//创建连接
TransportClient client=new PreBuiltTransportClient(Settings.EMPTY)
.addTransportAddress(new TransportAddress(InetAddress.getByName("ip1"),9300))
.addTransportAddress(new TransportAddress(InetAddress.getByName("ip2"),9300));
//…业务代码省略
//关闭连接
client.close();
```

注意

9200 为 HTTP 端口，9300 为客户端连接时所采用的 TCP 端口。

（2）创建索引

成功连接 Elasticsearch 后，在进行具体的文档操作之前，首先需要创建文档对应的索引。

语法

```
client.admin().indices().prepareCreate("索引名称").get();
```

（3）配置索引

创建索引后，需要为索引创建对应的类型。

语法

```
client.admin().indices().preparePutMapping("索引名称")
.setType("类型名称")
.setSource("{\n"+
"  \"properties\":{\n"+
"    \"字段名称\":{\n"+
"      \"type\":\"text\"\n"+
"    }\n"+
"  }\n"+
"}", XContentType.JSON).get();
```

（4）全文检索

在 DSL 中可以使用 match 子句实现全文检索，Elasticsearch 的客户端提供了对 match 子句的调用。

语法

```
SearchRequestBuilder searchRequestBuilder=client.prepareSearch("索引名称");
searchRequestBuilder.setQuery(QueryBuilders.matchQuery("列名","值"));
```

（5）精准搜索

可以使用 term 子句实现精准搜索，Elasticsearch 的客户端提供了对 term 子句的调用。

> **语法**

searchRequestBuilder.setQuery(QueryBuilders.termQuery("列名","值"));

（6）设置排序

设置排序的方法为 addSort()，利用该方法可以设置多个排序字段，如下所示。

参数值为 Elasticsearch 提供的枚举类型 SortOrder，可以选择 DESC 及 ASC 两种排序方式。

如要对多个字段进行排序，可以多次调用 addSort()方法进行设置。

> **语法**

searchRequestBuilder.addSort("列名",SortOrder.DESC);

（7）执行分页

设置分页可以使用 setFrom()及 setSize()方法。

> **语法**

searchRequestBuilder.setFrom(开始下标);
searchRequestBuilder.setSize(页大小);

2. 使用 Java 语言开发 Elasticsearch 客户端

依据上述提供的 API，使用 Elasticsearch 实现商品检索应用程序的开发步骤如下所示。

（1）创建 Maven 项目 dm-item-search，并引入 Elasticsearch 依赖。由于本项目采用 Spring Cloud 架构实现，项目依赖中还需要引入相关的 Spring Cloud 依赖包。

（2）编写通用类实现对索引（index）的管理（添加和配置）。

（3）编写通用类实现对 Document 的管理（增、删、查、改），前面只详细介绍了查询 API 的使用，有关更多增、删、改操作的 API 请读者自行查阅官方 API。

（4）为了与数据库数据保持同步，在大觅网项目开发中，实现了数据库数据到 Elasticsearch 数据的增量更新功能。实现原理如图 7.21 所示。具体原理如下。

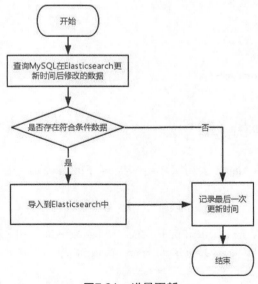

图7.21　增量更新

➢ 使用 Java 程序从 MySQL 批量导出数据到 Elasticsearch 中,并记录本次更新时间。
➢ 使用定时程序定时查询数据库,如数据库数据的修改时间晚于上次 Elasticsearch 系统记录的数据更新时间,则将此类数据导入到 Elasticsearch 中,并记录更新时间。如系统是第一次实现数据的增量更新,则会将数据库中需要被索引的数据全部导入。

实现 Elasticsearch Java客户端

了解更多实现 Elasticsearch Java 客户端的内容请扫描二维码。

技能训练

上机练习 2——使用 Elasticsearch 实现大觅网商品全文检索

需求说明

基于 Spring Boot+Spring Cloud 实现大觅网 Elasticsearch 客户端,完成大觅网商品全文检索功能。

任务 2 使用 Mycat 实现水平分库

在了解 Mycat 之前,首先需要了解数据切分(Sharding)的相关概念。数据切分,简单来说,就是通过某种特定的条件,将存放在同一个数据库中的数据分散存放到多个数据库上,以达到分散单台设备负载的目的。根据切分规则的类型,数据切分可以分为两种切分模式。

➢ 垂直切分:按照不同的表(或者 Schema)将数据库切分到不同的数据库(主机)之上,如图 7.22 所示。

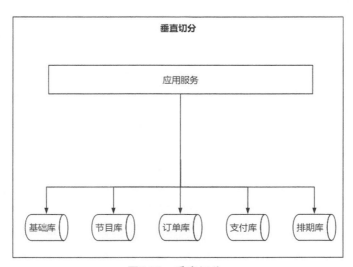

图7.22 垂直切分

➢ 水平切分:根据表中数据的逻辑关系,将同一个表中的数据按照某种条件拆分到多个数据库中，如图 7.23 所示。

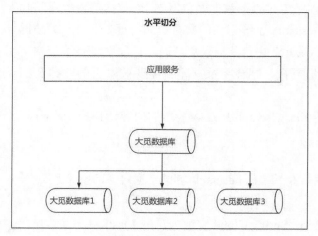

图7.23　水平切分

> 混合切分：即垂直切分+水平切分，如图 7.24 所示。垂直切分解决了单库流量过大的问题，水平切分解决了单表数据量过大的问题。为了同时兼有两种切分方式的优点，就有了混合切分的方式。

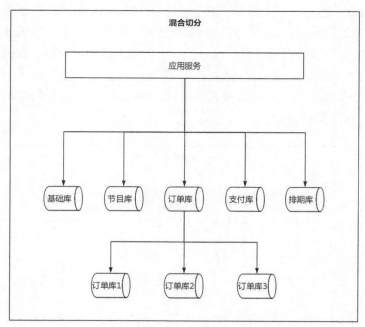

图7.24　混合切分

在大觅网项目中，使用 Mycat 实现了基于 MySQL 数据库的混合切分。

7.2.1　Mycat 简介

Mycat 是一个基于 MySQL 的数据库中间件，用来协调切分后的数据库，使其可以进行统一管理并对外提供一个统一的访问入口。对于应用来说，并不需要知道中间件的存在，业务开发人员只需要知道数据库的概念，所以数据库中间件被看作是一个或多个数据库集群构成的逻辑库，如图 7.25 所示。

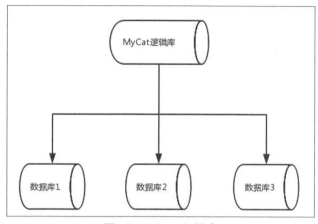

图7.25　Mycat逻辑库

➢ 逻辑表（分片表）

既然有逻辑库，那么就会有逻辑表。在分布式数据库中，对应用来说，读写数据的表就是逻辑表。逻辑表可以在数据切分后，分布在一个或多个分片库中，也可以不做数据切分，不分片，只由一个表构成。

➢ 数据节点

数据切分后，一个大表分布到不同的分片数据库里，每个表分片所在的数据库就是分片数据节点（dataNode）。

➢ 数据主机

数据切分后，每个分片数据节点（dataNode）不一定会独占一台机器，同一台机器上面可以有多个分片数据节点。一个或多个分片节点（dataNode）所在的机器就是节点主机（dataHost）。为了规避单节点主机对并发数的限制，建议尽量将读写压力高的分片数据节点（dataNode）均衡地放在不同的节点主机（dataHost）上。

➢ 分片规则（rule）

一个大表被分成若干个分片表，需要一定的规则。把数据分配到某个分片的业务规则就是分片规则，数据切分选择合适的分片规则非常重要，将极大地降低后续数据处理的难度。

7.2.2　Mycat 安装及配置

1. 在 Linux 下安装 Mycat

（1）下载 Mycat 安装包：访问 Mycat GitHub 托管地址，下载 1.6 版本的 Mycat，访问界面如图 7.26 所示。

图7.26　Mycat GitHub托管地址

（2）选择 1.6-RELEASE 版本，并在跳转之后的网页中下载 Mycat1.6 的安装包，如图 7.27 所示。

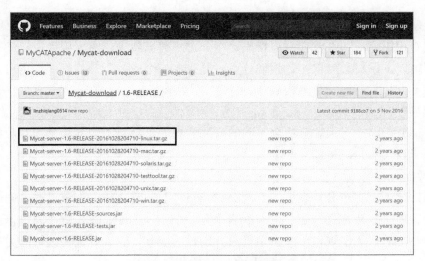

图7.27　Mycat1.6 Linux安装包

（3）将 Mycat 安装包上传至 Linux 服务器/usr/local/目录下，如图 7.28 所示。

```
drwxr-xr-x 2 root root     4096 Nov  5  2016 bin
drwxr-xr-x 2 root root     4096 Nov  5  2016 etc
drwxr-xr-x 2 root root     4096 Nov  5  2016 games
drwxr-xr-x 2 root root     4096 Nov  5  2016 include
drwxr-xr-x 1 root root     4096 Dec  6  2017 java
drwxr-xr-x 2 root root     4096 Nov  5  2016 lib
drwxr-xr-x 2 root root     4096 Nov  5  2016 lib64
drwxr-xr-x 2 root root     4096 Nov  5  2016 libexec
-rw-r--r-- 1 root root 15662280 Jul  4 08:39 Mycat-server-1.6-RELEASE-20161028204710-linux.tar.gz
drwxr-xr-x 2 root root     4096 Nov  5  2016 sbin
drwxr-xr-x 5 root root     4096 Nov 28  2017 share
drwxr-xr-x 2 root root     4096 Nov  5  2016 src
[root@71dddadc89f6 local]#
```

图7.28　/usr/local/目录

（4）使用以下命令解压 Mycat 安装包，解压成功后，当前目录下将出现 Mycat 目录，如图 7.29 所示。

tar -zxvf Mycat-server-1.6-RELEASE-20161028204710-linux.tar.gz

图7.29　解压后的mycat目录

（5）使用以下命令进行赋权，让当前用户具有 mycat 目录的执行权限，如图 7.30 所示。

chmod -R 777 mycat

图7.30　赋权

（6）运行 mycat/bin 目录下的 mycat 命令，启动 mycat，命令如下所示，执行结果如图 7.31 所示。

mycat start

图7.31　启动Mycat

（7）使用数据库连接工具连接 Mycat，如图 7.32 所示。默认端口为 8066，默认用户名为 root，默认密码为 123456。如测试连接成功，则代表 Mycat 安装成功。

图7.32　连接Mycat

2. 在 Docker 环境中安装 Mycat

依据上述在 Linux 环境中安装的步骤，编写如下 Mycat 的 Dockerfile 文件。

```
# mycat 1.6-RELEASE
# Dependyce JDK8
FROM yi/centos7-jdk8u151
MAINTAINER qiang.wang <qiang.wang@gmail.com>
ADD Mycat-server-1.6-RELEASE-20161028204710-linux.tar.gz /usr/local/
# Install libs
WORKDIR /usr/local/
RUN chmod -R 777 mycat
ENV MYCAT_HOME=/usr/local/mycat
EXPOSE 8066
COPY supervisord.conf /etc/supervisord.conf
CMD ["/usr/bin/supervisord"]
```

使用 supervisord 进程管家管理 Mycat 启动命令，supervisord.conf 文件的内容如下所示。

```
[supervisord]
nodaemon=true
[program:mycat]
command=/usr/local/mycat/bin/mycatstart
```

技能训练

> 上机练习 3——基于 CentOS7 安装 Mycat 数据库中间件

需求说明

在 CentOS7 操作系统中安装 Mycat 数据库中间件，并使用客户端连接测试。

7.2.3 实现大觅网水平分库

需求：将大觅网原有订单数据库中的数据平均分配到 3 个库中，分别为 dm_order1、dm_order2、dm_order3。

（1）在服务器上新建 3 个库，名称分别为 dm_order1、dm_order2、dm_order3，并按照原大觅网 dm_order 数据库中的表结构在每个库中分别创建 dm_order 和 dm_order_link_user 表，如图 7.33 所示。

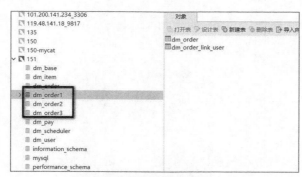

图 7.33　新建 3 个订单库

（2）打开安装好的 Mycat 的 conf 目录，本次安装将会使用到 3 个文件，如图 7.34 所示。

- schema.xml：配置逻辑库、逻辑表。
- rule.xml：配置分片规则。
- server.xml：配置访问信息。

```
[root@84906e468f7b conf]# clear
[root@84906e468f7b conf]# ll
total 104
-rwxrwxrwx 1 root root   88 Oct 28  2016 autopartition-long.txt
-rwxrwxrwx 1 root root   48 Oct 28  2016 auto-sharding-long.txt
-rwxrwxrwx 1 root root   62 Oct 28  2016 auto-sharding-rang-mod.txt
-rwxrwxrwx 1 root root  334 Oct 28  2016 cacheservice.properties
drwxrwxrwx 4 root root 4096 Aug  6 12:11 conf
-rw-r--r-- 1 root root   45 Aug  6 12:28 dnindex.properties
-rwxrwxrwx 1 root root  439 Oct 28  2016 ehcache.xml
-rwxrwxrwx 1 root root 2132 Oct 28  2016 index_to_charset.properties
-rwxrwxrwx 1 root root 1246 Oct 10  2016 log4j2.xml
-rwxrwxrwx 1 root root  178 Oct 28  2016 migrateTables.properties
-rwxrwxrwx 1 root root  246 Oct 28  2016 myid.properties
-rwxrwxrwx 1 root root   16 Aug  6 12:56 partition-hash-int.txt
-rwxrwxrwx 1 root root  102 Oct 28  2016 partition-range-mod.txt
-rwxrwxrwx 1 root root 5358 Aug  6 13:07 rule.xml
-rwxrwxrwx 1 root root  873 Aug  6 13:05 schema.xml
-rwxrwxrwx 1 root root  413 Oct 28  2016 sequence_conf.properties
-rwxrwxrwx 1 root root   75 Oct 28  2016 sequence_db_conf.properties
-rwxrwxrwx 1 root root   27 Oct 28  2016 sequence_distributed_conf.properties
-rwxrwxrwx 1 root root   51 Oct 28  2016 sequence_time_conf.properties
-rwxrwxrwx 1 root root 3554 Aug  6 13:05 server.xml
-rwxrwxrwx 1 root root   16 Oct 28  2016 sharding-by-enum.txt
-rwxrwxrwx 1 root root 4182 Oct 28  2016 wrapper.conf
drwxrwxrwx 2 root root 4096 Aug  6 11:21 zkconf
drwxrwxrwx 2 root root 4096 Aug  6 11:21 zkdownload
[root@84906e468f7b conf]# |
```

图7.34　Mycat的conf目录

（3）新建逻辑库（schema）：打开 schema.xml 文件，将<Mycat:schema></Mycat:schema>中间的内容删除，并填入示例 1 的内容。其中，schema 标签用来指定逻辑库，name=“dm_order”表示逻辑库的名称为 dm_order，至此，逻辑库 dm_order 创建完成。

示例 1

```
<schema name="dm_order" checkSQLschema="false" sqlMaxLimit="100">
</schema>
```

（4）创建逻辑表，如示例 2 所示。其中，table 用来指定逻辑表，name="dm_order"表示逻辑表的名称为 dm_order；dataNode 用来指定订单数据被分布到哪些节点上；rule 用来指定数据的分布（此处为自定义规则，下文会有阐述）。

示例 2

```
<schema name="dm_order" checkSQLschema="false" sqlMaxLimit="100">
    <table name="dm_order" dataNode="dn1,dn2,dn3" rule=" auto-sharding-rang-mod-order"/>
    <table name="dm_order_link_user" dataNode="dn1,dn2,dn3"
                            rule="auto-sharding-rang-mod-order-link"/>
</schema>
```

（5）创建数据节点和节点主机，如示例 3 所示。其中，dataNode 用来指定数据节点，dataHost 用来指定 dataNode 节点的具体位置，包括读数据库和写数据库的访问地址。dn1、dn2、dn3 分别对应于 dm_order1、dm_order2、dm_order3。由于本示例的数据节点均在同一台服务器上，因此只需创建一个节点主机。

示例 3

```xml
<schema name="dm_order" checkSQLschema="false" sqlMaxLimit="100">
    <table name="dm_order" dataNode="dn1,dn2,dn3" rule="auto-sharding-rang-mod-order"/>
    <table name="dm_order_link_user" dataNode="dn1,dn2,dn3" rule="auto-sharding-rang-mod-order-link"/>
</schema>
<dataNode name="dn1" dataHost="host" database="dm_order1"/>
<dataNode name="dn2" dataHost="host" database="dm_order2"/>
<dataNode name="dn3" dataHost="host" database="dm_order3"/>

<dataHost name="host" maxCon="1000" minCon="10" balance="0"
    writeType="0" dbType="mysql" dbDriver="native" switchType="1" slaveThreshold="100">
    <heartbeat>select1</heartbeat>
    <writeHost host="hostM1" url="192.168.9.151:3306" user="root" password="123456">
    </writeHost>
</dataHost>
```

（6）新增规则：打开 rule.xml 文件，在最后一个 tableRule 标签结束后，加入示例 4 的内容。

- tableRule 用来指定自定义的数据分布规则，新增的两个规则的名称分别为 auto-sharding-rang-mod-order 和 auto-sharding-rang-mod-order-link。
- columns 表示根据哪些字段执行该分布规则的计算，本示例配置的两个规则分别依据的是 id 字段和 orderId 字段。
- algorithm 用来指定具体的算法，示例 4 中配置的 io.Mycat.route.function.PartitionByMod 指定的是求模算法，因为划分了 3 个数据节点，所以模的被除数为 3，算法如表 7-3 所示。

表 7-3 求模算法

算 法	分 片	数 据 库
1%3=1	第 2 个分片	dm_order2
2%3=2	第 3 个分片	dm_order3
3%3=0	第 1 个分片	dm_order1

示例 4

```xml
<tableRule name="auto-sharding-rang-mod-order">
<rule>
<columns>id</columns>
<algorithm>rang-mod-dm</algorithm>
</rule>
</tableRule>
<tableRule name="auto-sharding-rang-mod-order-link">
<rule>
<columns>orderId</columns>
```

```xml
        <algorithm>rang-mod-dm</algorithm>
    </rule>
        </tableRule>
<function name="rang-mod-dm" class="io.Mycat.route.function.PartitionByMod">
        <!--how many datanodes-->
        <property name="count">3</property>
    </function>
```

（7）指定逻辑库的用户名和密码：打开 server.xml 文件，将 root 用户下的 schemas 属性的值修改为 dm_order，password 用于指定该库的访问密码，如示例 5 所示。

示例 5

```xml
<user name="root">
        <property name="password">123456</property>
        <property name="schemas">dm_order</property>
        <!--表级 DML 权限设置-->
        <!--
        <privileges check="false">
            <schema name="TESTDB" dml="0110">
                <table name="tb01" dml="0000"></table>
                <table name="tb02" dml="1111"></table>
            </schema>
        </privileges>
        -->
</user>
```

（8）通过 Mycat 构建的 dm_order 逻辑库如图 7.32 所示，使用 server.xml 的用户名和密码访问 dm_order 逻辑库，访问结果如图 7.35 所示。

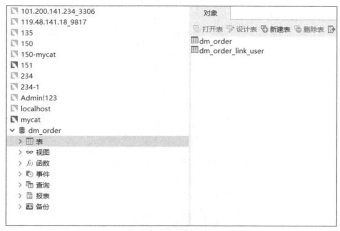

图7.35　dm_order逻辑库

（9）测试：在逻辑库的 dm_order 表中插入 ID 编号为 1、2、3、4、5、6 的 6 条数据。打开 dm_order1、dm_order2、dm_order3 数据库，查看 dm_order 表的数据插入情况，结果如表 7-4 所示，符合求模算法。

表 7-4 实验结果

ID 编号	数据库	ID 编号	数据库
1	dm_order2	4	dm_order2
2	dm_order3	5	dm_order3
3	dm_order1	6	dm_order1

至此，使用 Mycat 实现 dm_order 水平分库成功。

了解基于 Mycat 实现 dm_order 水平分库的更多内容请扫描二维码。

基于Mycat实现dm_order水平分库

技能训练

上机练习 4——使用 Mycat 实现大觅网 dm_order 库中 dm_order 表的水平分库

需求说明

参照示例 1～示例 5 的需求实现大觅网订单表的水平分库。

本章总结

本章学习了以下知识点：

- Elasticsearch 是基于 Lucene 的搜索引擎应用服务器，采用简单的 RESTful API 来隐藏 Lucene 的复杂性。
- Elasticsearch 的常见概念包括 cluster、index、type、document、shard、replicas。
- 文档三元素包括 index、type、文档 ID。
- Elasticsearch 的常用操作命令包括索引操作命令、文档操作命令和数据查询相关命令。
- Mycat 是一个基于 MySQL 的数据库中间件，用来协调切分后的数据库，使其可以进行统一管理并对外提供一个统一的访问入口。
- 逻辑库是由一个或者多个数据库组成的虚拟库。
- 逻辑表是逻辑库中的数据库表，由一张表或多张表合成而成。
- 数据节点即不同的数据库分片。
- 数据主机即数据节点分布的实际物理机。
- 分片规则即将逻辑表中的数据划分到不同数据节点的规则。

本章作业

1. 使用 Elasticsearch 实现商品全文检索。
2. 使用 Mycat 实现大觅网 dm_order 库的水平分库。

第 8 章

集成测试

技能目标

- ❖ 掌握使用 Sonar 进行代码规范测试
- ❖ 了解压力测试和常用压力测试工具
- ❖ 掌握使用 JMeter 进行压力测试
- ❖ 掌握使用 Issue 进行前后端联调任务管理

本章任务

学习本章内容，需要完成以下 3 个工作任务。记录学习过程中遇到的问题，可以通过自己的努力或访问 ekgc.cn 解决。

任务 1： 使用 Sonar 对大觅网代码进行规范测试
任务 2： 使用 JMeter 进行大觅网压力测试
任务 3： 使用 Issue 进行大觅网前后端联调任务管理

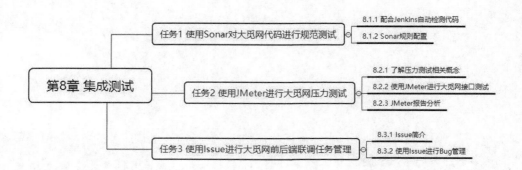

任务 1 使用 Sonar 对大觅网代码进行规范测试

在前面已经学习了如何在 IDEA 中使用 Sonar 插件进行代码规范的自动检测，开发人员可以很方便地看到自己写的代码有哪些地方是不规范的，但这仅仅方便了对自己负责的代码进行规范性的检查。而针对检查出来的不规范的代码，有些开发人员可能会忘记修改，导致发布到线上的代码仍有可能不规范。解决这个问题的办法就是增加一个对不规范代码的整体统计功能，方便管理人员对项目中出现的不规范代码进行一个全量的统计，具体的实现方式就是使用 Jenkins 整合 Sonar 进行代码自动检测。

8.1.1 配合 Jenkins 自动检测代码

1. 在 Jenkins 中安装 SonarQube 插件

进入 Jenkins 主界面，单击左侧选项卡"系统管理→管理插件"，如图 8.1 所示。

图8.1 系统管理界面

在可安装插件中搜索 Sonar，在搜索出的结果中选择 SonarQube Scanner，如图 8.2 所示。

图8.2 选择SonarQube Scanner插件

然后选择"直接安装",安装完成后可在"已安装"插件中查看结果,如图 8.3 所示。

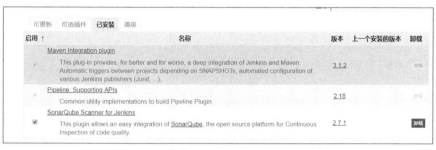

图8.3 已安装SonarQube Scanner插件

2. 生成 Sonar Token

打开浏览器,在地址栏中输入 http://IP:9000(IP 是 Sonar 服务器的 IP,9000 是 Sonar 服务器的默认端口),打开 Sonar 首页。单击右上角的"登录"按钮,使用 admin 账户(默认密码 admin)登录进入 Sonar 管理端,单击顶部导航栏的"配置",在打开的页面中选择"权限"下拉列表,然后选择"用户",如图 8.4 所示。

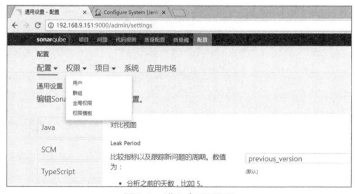

图8.4 进入权限配置

在新打开的界面中,单击 Administrator 用户对应的那行记录最后的"更新令牌"按钮,如图 8.5 所示。

图8.5 选择更新令牌

在图 8.6 所示页面填写令牌名称，单击"生成"按钮并复制生成的令牌信息。

图8.6 生成令牌

3. 配置 Sonar 服务地址

在 Jenkins 中单击"系统管理→系统设置"，在第一步插件安装成功后可以看到配置 SonarQube servers 的节点，在此处配置 Sonar 服务地址，如图 8.7 所示。

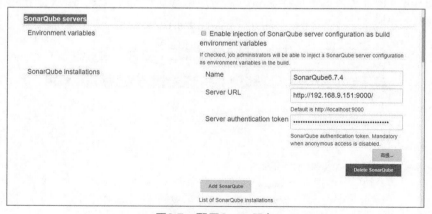

图8.7 配置Sonar服务

输入 Sonar 的名称和服务器地址，服务器地址中的 IP 为运行 Sonar 服务的服务器的 IP 地址，第三个属性填写第二步中保存的令牌。填写完成后单击页面下方的"保存"按钮保存配置并退出。

4. 配置 SonarQube Scanner

访问官网选择 Linux 版本进行下载。将下载好的 sonar-scanner-cli-3.2.0.1227-linux.zip 上传到 Jenkins 所在服务器目录/usr/local/中。

使用如下命令解压文件：

unzip sonar-scanner-cli-3.2.0.1227-linux.zip

单击 Jenkins 中的"系统管理→全局工具配置"，配置 SonarQube Scanner，配置完成后单击页面下方的"保存"按钮退出，如图 8.8 所示。

图8.8 配置SonarQube Scanner

修改/usr/local/sonar-scanner-cli-3.2.0.1227-linux/conf 下的 sonar-scanner.properties 文件，配置连接 sonar 服务的地址以及数据库的连接，具体如下：

```
#----- Default SonarQube server
sonar.host.url=http://192.168.9.151:9000
#----- Default source code encoding
sonar.sourceEncoding=UTF-8
sonar.jdbc.url=jdbc:mysql://192.168.9.151:3306/sonar?useUnicode=true&characterEncoding=utf8&rewriteBatchedStatements=true&useConfigs=maxPerformance
sonar.jdbc.username=root
sonar.jdbc.password=123456
```

5. 添加并配置扫描配置文件

在 Jenkins 的代码下载目录中创建文件 sonar-project.properties，此处选择在 item 管道的项目下载地址/root/.jenkins/workspace/pipeline-dm-item/中创建该文件，然后在文件中添加如示例 1 所示内容。

示例 1

```
# must be unique in a given SonarQube instance
sonar.projectKey=dm-item
# this is the name displayed in the SonarQube UI
sonar.projectName=dm-item
sonar.projectVersion=1.0
# the sonar-project.properties file.
sonar.sources=/root/.jenkins/workspace/pipeline-dm-item/
# Encoding of the source code. Default is default system encoding
sonar.sourceEncoding=UTF-8
sonar.lanaguage=java
```

6. 配置检测脚本

在 Jenkins pipeline 的执行脚本中，添加如示例 2 所示内容。

示例 2

```
node {
    stage('clone'){
        echo '开始下载所有项目'
        git branch: 'sprint2.0_dev', credentialsId: '954a954e-a1f6-42c2-a58e-da5076939caf', url: 'https://gitee.com/zzshang/env-project.git'
    }
    stage('SonarQube analysis') {
      def sonarqubeScannerHome = tool name: 'sonar-scanner.3.2.0'
      dir('/root/.jenkins/workspace/eureka-server/dm-discovery-eureka/') {
          withSonarQubeEnv('SonarQube6.7.4') {
          sh "${sonarqubeScannerHome}/bin/sonar-scanner"
          }
      }
    }
}
```

其中，tool name 对应第四步中 SonarQube Scanner 的名称，withSonarQubeEnv 对应第三步中 SonarQube servers 节点的名称。关于此脚本内容的更详细介绍请查看 3.4.5 小节，这里不再赘述。

7. 构建项目

打开如图 8.9 所示的页面，单击左侧选项卡的"立即构建"执行 Jenkins 构建，Jenkins 会自动扫描 Git 仓库的代码。

扫描完成后，在页面左侧选项卡的构建历史中选择某次构建，可以通过日志查看检测结果，具体的日志内容如图 8.10 所示。

图8.9 执行构建

```
INFO: Sensor SurefireSensor [java]
INFO: parsing /root/.jenkins/workspace/pipeline-dm-item/target/surefire-reports
INFO: Sensor SurefireSensor [java] (done) | time=1ms
INFO: Sensor JaCoCoSensor [java]
INFO: Sensor JaCoCoSensor [java] (done) | time=1ms
INFO: Sensor SonarJavaXmlFileSensor [java]
INFO: 4 source files to be analyzed
INFO: Sensor SonarJavaXmlFileSensor [java] (done) | time=933ms
INFO: 4/4 source files have been analyzed
INFO: Sensor Zero Coverage Sensor
INFO: Sensor Zero Coverage Sensor (done) | time=68ms
INFO: Sensor CPD Block Indexer
INFO: Sensor CPD Block Indexer (done) | time=83ms
INFO: No SCM system was detected. You can use the 'sonar.scm.provider' property to explicitly specify it.
INFO: 5 files had no CPD blocks
INFO: Calculating CPD for 9 files
INFO: CPD calculation finished
INFO: Analysis report generated in 178ms, dir size=117 KB
INFO: Analysis reports compressed in 94ms, zip size=54 KB
INFO: Analysis report uploaded in 714ms
INFO: ANALYSIS SUCCESSFUL, you can browse http://192.168.9.151:9000/dashboard/index/dm-item
INFO: Note that you will be able to access the updated dashboard once the server has processed the submitted
analysis report
INFO: More about the report processing at http://192.168.9.151:9000/api/ce/task?id=AWSl2WLQKTvDi37x65kh
INFO: Task total time: 16.761 s
INFO: ------------------------------------------------------------------------
INFO: EXECUTION SUCCESS
INFO: ------------------------------------------------------------------------
INFO: Total time: 20.922s
INFO: Final Memory: 14M/521M
```

图8.10 Sonar检测成功

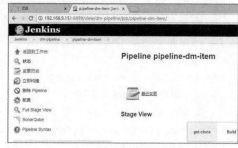

8. 查看检测结果

访问 Sonar 服务：http://Sonar 服务器 IP:9000/projects，可查看生成的项目信息，如图 8.11 所示。

图8.11　查看Sonar项目

选中 dm-item 项目，可以查看详细信息，如图 8.12 所示。

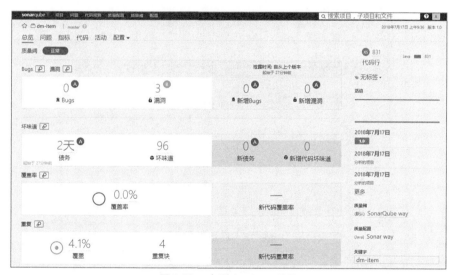

图8.12　查看dm-item项目

选中想要查看的某个检测项目，此处选择"漏洞"，如图 8.13 所示。

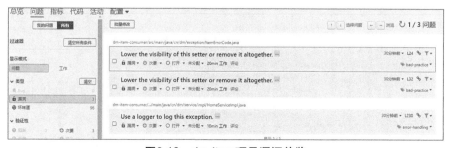

图8.13　dm-item项目漏洞总览

选择某个漏洞，可具体查看代码的指示位置，如图 8.14 所示。

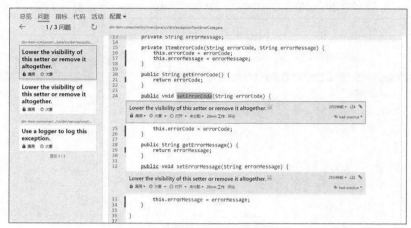

图8.14　查看dm-item项目漏洞

8.1.2　Sonar 规则配置

访问 Sonar 服务，选择顶部导航栏的"质量配置"，如图 8.15 所示。

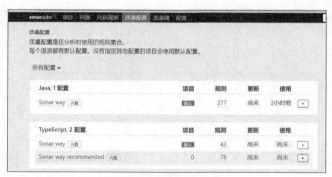

图8.15　质量配置

可以查看自带的默认配置，单击 Sonar way→左侧选项卡中的 Bug，如图 8.16 所示。

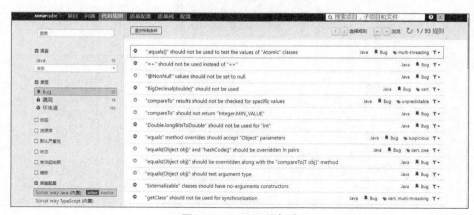

图8.16　Bug规则查看

如果想要改变当前的默认规则，可以先将当前的规则复制为新规则，如图 8.17 和图 8.18 所示。

图8.17　复制规则

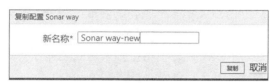

图8.18　新规则名称

然后在 Sonar way-new 规则中选择 Bug 规则，将不需要使用的规则挂起，挂起后还可以重新启用，如图 8.19 所示。

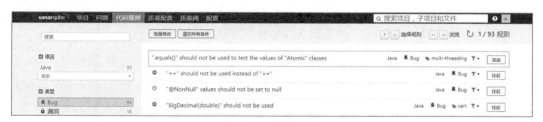

图8.19　挂起规则

Sonar 还可以自定义规则，关于如何自定义规则这里不再赘述。

> **注意**
>
> 只要新规则集合 Sonar way-new 下面配置有项目，就会对项目中的代码进行检测，我们无法对规则集合设置启动或停止，只能对其中的某个规则设置挂起或活动。

任务 2　使用 JMeter 进行大觅网压力测试

8.2.1　了解压力测试相关概念

1. 高并发测试

软件的压力测试是一种保证软件质量的行为，在金融、电商等领域应用比较普遍。通俗来讲，压力测试即在硬件一定的条件下，模拟大批量用户对软件系统进行高负荷测试。需要注意的是，压力测试的目的不是为了让软件变得完美无瑕，而是通过压力测试，测试出软件的负荷极限，进而重新优化应用的性能或者在实际的应用环境中控制风险。

2. 常见压力测试工具

应用于 Web 应用的压力测试工具有很多，日常常用的压力测试工具主要有以下 3 种。

（1）Apache JMeter

JMeter 作为一款开源压力测试产品，如图 8.20 所示，最初被设计用于 Web 应用测试，如今 Jmeter 能够用于测试静态和动态资源，例如静态文件、Java 服务器程序、CGI 脚本、数据库、FTP 服务器等，还能对服务器、网络或 Java 对象模拟巨大的负载，通过不同的压力类别来测试它们的强度和分析整体的性能。另外，JMeter 能够对应用程序做功能测试和回归测试，通过创建带有断言的脚本来验证程序是否能返回期望的结果。为了获取最大限度的灵活性，JMeter 允许使用正则表达式创建断言。本任务采用 JMeter4.0 对大觅网项目进行压力测试。

图8.20　JMeter LOGO

（2）LoadRunner

LoadRunner 是一种预测系统行为和性能的负载测试工具，通过模拟实际用户的操作行为进行实时性能监测，来帮助测试人员更快地查找和发现问题，如图 8.21 所示。

图8.21　LoadRunner LOGO

LoadRunner 适用于各种体系架构，支持广泛的协议和技术，能够为测试提供特殊的解决方案。企业通过 LoadRunner 能最大限度地缩短测试时间，优化性能并缩短应用系统的发布周期。

LoadRunner 提供了 3 大功能模块：VirtualUser Generator（用于录制性能测试脚本）、LoadRunner Controller（用于创建、运行和监控场景）和 LoadRunner Analysis（用于分析性能测试结果），各模块既可以作为独立的工具完成各自的功能，又可以作为 LoadRunner 的一部分彼此衔接，与其他模块共同完成软件性能的整体测试。

（3）NeoLoad

NeoLoad 是 Neotys 出品的一种负载和性能测试工具，可真实地模拟用户活动并监视基础架构的运行状态，从而发现所有 Web 和移动应用程序中的瓶颈。NeoLoad 通过使用无脚本 GUI 和一系列自动化功能，能够让测试设计速度提高 5~10 倍。

8.2.2　使用 JMeter 进行大觅网接口测试

1. 下载并安装 JMeter

（1）下载 JMeter

大觅网中使用的 JMeter 版本是 4.0，下载后的安装文件为 apache-jmeter-4.0.zip，将其解压到固定目录，如 D 盘。

注意

JMeter 的运行依赖于 JDK 环境，在安装 JMeter 之前，需要先确认安装机器的 JDK 环境已具备。JMeter 4.0 需要依赖 JDK1.8 及以上版本的环境。

（2）配置 JMeter 环境

在环境变量中，新增或修改以下配置。

① 添加 JMETER_HOME 变量，设定其值为 JMeter 实际解压路径（如"D:\apache-jmeter-4.0"），如图 8.22 所示。

图8.22　JMeter安装目录

② 修改 PATH 变量，追加以下内容（新增的内容和原来 PATH 变量的值以";"相隔）。

%JMETER_HOME%\bin;

③ 添加或修改 CLASSPATH 变量，添加以下内容。

%JMETER_HOME%\lib\ext\ApacheJMeter_core.jar;

%JMETER_HOME%\lib\jorphan.jar;

④ 打开命令提示符窗口，输入"jmeter"命令启动 JMeter，启动界面如图 8.23 所示。

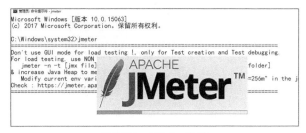

图8.23　JMeter启动

⑤ 如图 8.24 所示，设置 JMeter 语言为简体中文。

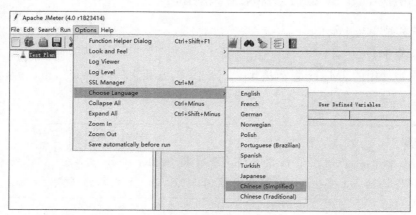

图8.24　设置语言

技能训练

> 上机练习 1——安装使用 JMeter

需求说明

在 Windows 系统中安装 JMeter，安装完成后进行启动测试。

2. 使用 JMeter 测试大觅网项目

（1）添加测试计划

修改测试计划名称为"大觅网项目"，并单击"保存"图标，保存测试计划，如图 8.25 所示。

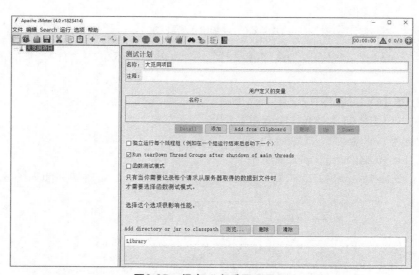

图8.25　保存"大觅网项目"

（2）添加线程组

按照图 8.26 所示添加线程组，并单击"保存"图标。

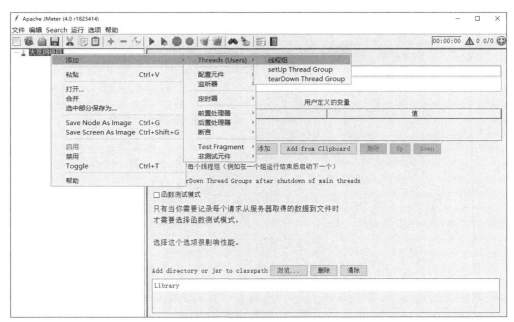

图8.26　添加线程组

（3）设置线程组参数

在如图 8.27 所示界面中，设置以下线程组参数，并单击"保存"图标进行信息保存。

➢ 线程数：要启动的线程数目。

➢ Ramp-Up Period（in seconds）：线程启动时间间隔，如果为 0，则代表同时启动对应线程数的线程，即并发数。

➢ 循环次数：请求执行次数。

图8.27　设置线程组相关参数

（4）添加 HTTP 请求

按照图 8.28 所示添加 HTTP 请求并单击"保存"图标。

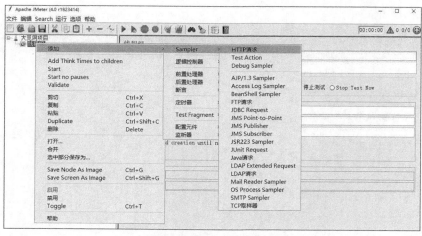

图8.28 添加HTTP请求

（5）设置 HTTP 请求相关参数

在新出现的页面中，如图 8.29 所示，设置 HTTP 请求相关参数并单击"保存"图标。

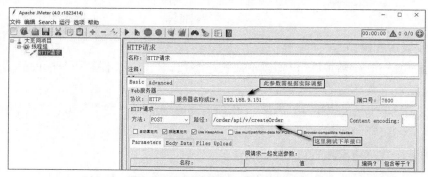

图8.29 设置HTTP请求相关参数

（6）添加"察看结果树"监听器

根据图 8.30 所示，增加"察看结果树"监听器，并单击"保存"图标。

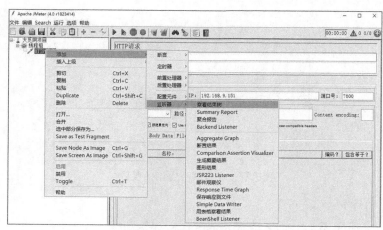

图8.30 添加察看结果树

注意

监听器用来监听请求的执行结果,"察看结果树"为最常用的监听器之一。

(7) 启动测试计划

单击图 8.31 中的"运行"按钮进行简单任务测试。

图8.31　启动任务进行测试

(8) 查看测试结果

单击图 8.31 中的"察看结果树",在界面的下方区域单击对应请求即可查看相应的执行结果,如图 8.32 所示。因本任务未配置请求相关参数,故服务器返回未登录的提示信息。

图8.32　查看测试结果

(9) 配置 HTTP 请求参数

大觅网项目下单接口需要传入订单对象参数,如图 8.33 所示添加订单对象参数。

图8.33　添加订单对象参数

使用${引用名称}可以引用对应计数器，图 8.33 对象参数中的${userId}是引用名称为 userId 的计数器，当然需要先创建对应的计数器。如图8.34 所示添加配置元件"计数器"，并如图 8.35 所示设置对应参数，单击"保存"图标进行保存。

图8.34　添加计数器

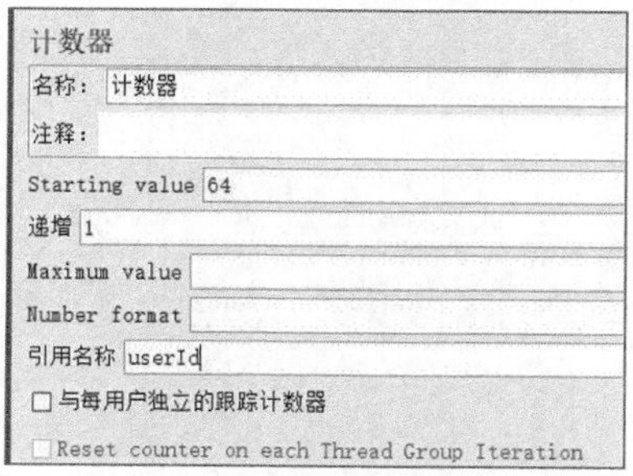

图8.35　设置计数器

（10）添加信息头参数

要想通过网关验证，需要在请求的信息头中携带有效的 Token 信息，每个 Token 对应一个用户信息。在线程组中添加信息头参数，如图 8.36 所示。

图8.36　添加HTTP信息头

为信息头指定参数类型和添加 Token 信息，如图 8.37 所示。

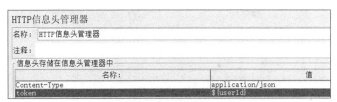

图8.37　设置HTTP信息头

这里的 Token 信息同样要引用计数器 userId。

因为网关需要验证 HTTP 信息头中的 Token 是否有效，因此在测试前需要增加一批用户 Token。这里使用 Java 程序按照递增的方式在 Redis 中生成 1000 个 Token，关键代码如图 8.38 所示，Redis 内生成的 Token 记录如图 8.39 所示。

```
@GetMapping(value = "/createtoken")
    public void createtoken() {
        int sum = 1064;
        for (int i = 64; i < sum; i++) {
            DmUserVO user = new DmUserVO();
            user.setBirthday(new Date());
            user.setCreatedTime(new Date());
            user.setHobby("游泳");
            user.setIdCard("230102199409044570");
            user.setNickName("妞妞");
            user.setPhone("1797038078@qq.com");
            user.setRealName("傻妞");
            user.setUpdatedTime(new Date());
            user.setSex(2);
            user.setUserId((long) i);
            String tokenKey = Constants.USER_TOKEN_PREFIX + user.getUserId();
            String tokenValue = null;
            // 检查是否为会话有效期内的重复登录，若是则首先删除之前缓存的用户数据和token，原登录失效
            if ((tokenValue = (String) redisUtils.get(tokenKey)) != null) {
                redisUtils.delete(tokenValue);
            }
            // 缓存用户token
            redisUtils.set(tokenKey, Constants.Redis_Expire.SESSION_TIMEOUT, "token:" + i);
            // 缓存用户信息
            redisUtils.set("token:" + i, Constants.Redis_Expire.SESSION_TIMEOUT, JSON.toJSONString(user));
        }
    }
```

图8.38　生成Token信息

图8.39　Redis中的Token

（11）并发测试

通过以上步骤已经完成了大觅网项目下单接口高并发测试的配置。单击"运行"按钮，进行大觅网项目下单接口的并发测试，开发人员可以通过不断调整并发线程数来测试系统的抗压极限。

使用 JMeter 进行接口压力测试的过程大致相同，以上步骤是以大觅网的下单接口为例进行的测试，我们还可以对大觅网的其他接口进行测试，具体的测试过程这里不再赘述。

技能训练

> 上机练习 2——使用 JMeter 测试大觅网的下单接口

需求说明

按照前面介绍的使用 JMeter 对大觅网接口进行测试的步骤，自己动手对大觅网的下单接口进行测试。

获取上机练习 2 的参考答案请扫描二维码。

订单压测报告

技能训练

> 上机练习 3——使用 JMeter 测试大觅网的商品列表搜索接口

需求说明

按照前面介绍的使用 JMeter 对大觅网接口进行测试的步骤，自己动手对大觅网的商品列表接口进行测试。

获取上机练习 3 的参考答案请扫描二维码。

商品列表压测报告

8.2.3　JMeter 报告分析

JMeter3.0 之后的版本引入了 Dashboard Report，可以用于生成 HTML 页面格式的图形化报告，具体操作如下。

1. 生成测试报告

打开命令提示符，输入以下命令。

jmeter -n -t d://TestOrder.jmx -l d://testorder.jtl -e -o d://orderresult

其中，d://TestOrder.jmx 为测试计划的实际保存路径，d://testorder.jtl 为测试结果的实际保存路径，d://orderresult 为生成 HTML 格式图形化报告的实际保存路径。

注意

jtl 文件为 JMeter 测试结果文件，用来保存实际的测试结果。

输出结果如图 8.40 所示。

```
C:\Windows\system32>jmeter -n -t d://TestOrder.jmx -l d://testorder.jtl -e -o d://orderresult
Creating summariser <summary>
Created the tree successfully using d://TestOrder.jmx
Starting the test @ Fri Aug 03 14:47:22 CST 2018 (1533278842076)
Waiting for possible Shutdown/StopTestNow/Heapdump message on port 4445
summary =     1000 in 00:00:19 =   51.6/s Avg:   3084 Min:   1092 Max:  19081 Err:    1000 (100.00%)
Tidying up ...    @ Fri Aug 03 14:47:41 CST 2018 (1533278861957)
... end of run
```

图 8.40　生成测试报告

当命令窗口打印出"end of run"的时候，代表已经成功生成报告。生成的测试报告目录如图 8.41 所示。index.html 页面为报告的入口，双击可以查阅报告，首页内容如图 8.42 所示。

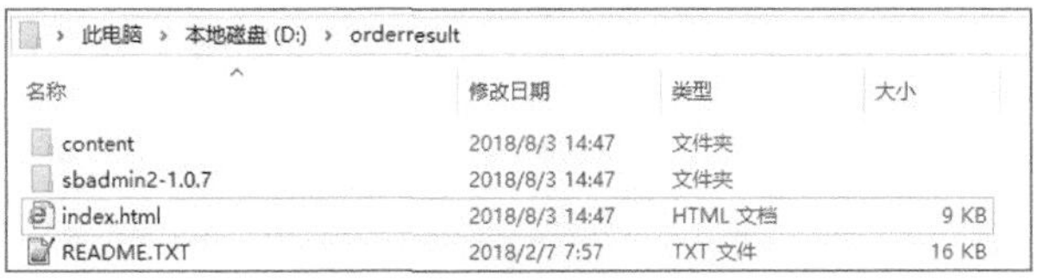

图8.41　生成报告目录

图8.42　报告首页内容

2．分析测试报告

开发人员并不需要了解测试报告中的所有项，下面只列出开发人员需要重点关注的测试项。

（1）APDEX

APDEX（Application Performance Index）是一个国际通用标准，是用户对应用性能满意度的量化值。它提供了一个统一的测量和报告用户体验的方法，把最终用户的体验和应用性能作为一个完整的指标进行统一度量。基于"响应性"，APDEX 定义了两个用户满意度阈值，是综合并发测试中的所有线程响应时间，并结合满意度阈值量化出的具体数值。本次测试报告中的 APDEX 如图 8.43 所示。

- ➢ T（Toleration threshold，用户容忍阈值）：指的是用户可以容忍应用响应的最大时间，响应时间小于该阈值则用户体验很愉悦，大于该阈值则用户体验很一般，但是可以容忍，还没达到用户要放弃应用的程度。

➢ F（Frustration threshold，用户挫折阈值）：指的是用户放弃应用的临界值，响应时间超过该值表示用户可能决定放弃该应用。

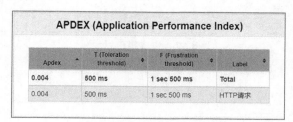

图8.43　APDEX

请求响应的详细时间分布可以通过单击页面左侧选项卡 Charts→Response Times→Response Time Overview 进行查阅，如图 8.44 和图 8.45 所示。

图8.44　Response Time Overview目录

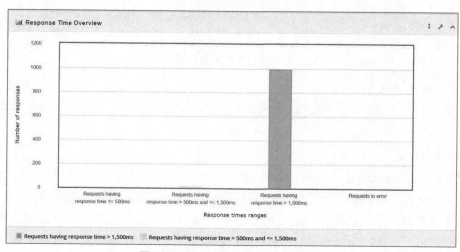

图8.45　Response Time Overview

（2）Requests Summary（请求摘要）

图 8.46 表示执行成功和失败的请求数目的具体占比，OK 表示执行成功，KO 表示执行失败。JMeter 主要以 HTTP 状态码是否为 200 来判断请求的成功和失败。

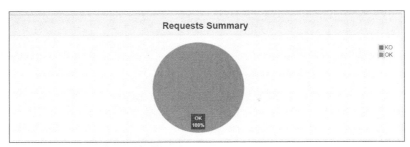

图8.46　Requests Summary

（3）Statistics（综合统计图）

Statistics 为综合性的请求响应时间及响应状态的统计图，包含了请求数、请求失败数、请求错误比例、平均响应时间、最小响应时间、最大响应时间等，如图 8.47 所示。

Requests		Executions			Response Times (ms)						Network (KB/sec)	
Label	#Samples	KO	Error %	Average	Min	Max	90th pct	95th pct	99th pct	Throughput	Received	Sent
Total	1000	0	0.00%	33036.65	1058	63372	57872.00	61001.95	62885.94	15.77	3.58	8.23
HTTP请求	1000	0	0.00%	33036.65	1058	63372	57872.00	61001.95	62885.94	15.77	3.58	8.23

图8.47　Statistics

（4）Errors（错误统计图）

Errors 为并发测试中的请求错误的统计图，如图 8.48 所示。

Type of error	Number of errors	% in errors	% in all samples

图8.48　Errors

在图 8.48 中错误显示为空，表示在 1000 个并发请求中没有发生错误。如果发生错误，在生成的 Statistics 报告中和 Errors 中都会有所体现。以大觅网为例，在使用 JMeter 对商品列表接口进行压力测试时统计的错误信息如图 8.49 和图 8.50 所示。同时可以在 JMeter 中测试计划的"察看结果树"中查看详细的报错信息，并根据报错对程序进行优化。

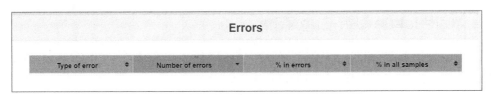

Requests		Executions			Response Times (ms)						Network (KB/sec)	
Label	#Samples	KO	Error %	Average	Min	Max	90th pct	95th pct	99th pct	Throughput	Received	Sent
Total	200	15	7.50%	885.41	66	1334	1252.10	1313.70	1331.97	148.48	825.39	51.47
大觅搜索接口	200	15	7.50%	885.41	66	1334	1252.10	1313.70	1331.97	148.48	825.39	51.47

图8.49　商品列表接口Statistics

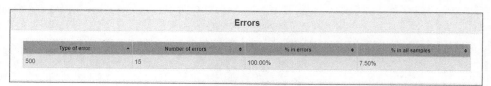

图8.50 商品列表接口Errors

任务 3 使用 Issue 进行大觅网前后端联调任务管理

8.3.1 Issue 简介

每一个企业级项目的开发都是很复杂的，这个复杂的过程需要由多人协作完成，虽然每个人负责的任务不同，但是这些任务都息息相关，缺一不可。人与人之间需要沟通，任务的每个细节需要记录。因此需要一个项目管理工具，能够对项目包含的内容及开发人员的沟通过程进行统一的管理和记录，如项目的重要特性、一些需要改善但又优先级不高的内容、bug 的分配、成员协作时需要沟通的问题等。这类项目管理工具软件有很多，如 Mantis、Readmine、BugFree 等，它们虽然功能强大，但是普遍存在以下缺点。

➢ 功能复杂，学习成本高。
➢ 操作复杂，用户体验较差。
➢ 需要部署安装，甚至有些软件还要收费。

有没有一款软件既能有效进行项目管理，又能避免上述问题呢？答案是肯定的，Issue 就能解决我们的困惑。

8.3.2 使用 Issue 进行 Bug 管理

Issue 的使用非常简单，不需要安装部署任何软件，只需要有一个 GitHub 或者码云的账号就可以了。这里以码云为例来讲解 Issue 的具体用法。

首先登录码云，进入项目管理页面，如图 8.51 所示。

图8.51 码云项目管理页面

单击方框内的 Issues 超链接，弹出 Issue 的管理页面，如图 8.52 所示。

图8.52　Issue管理页面

在此页面中可以进行 Issue 的搜索和创建，可以根据 Issue 的名称进行模糊搜索，还可以根据 Issue 的状态、创建者、接受者、标签等进行筛选。

单击右上角的"新建 Issue"按钮可以新建 Issue，打开如图 8.53 所示页面。

图8.53　新建Issue

在此页面中可以进行 Issue 的创建，创建时指定 Issue 的标题、描述、负责人、标签、优先级等，输入完之后，单击右下角的"创建"按钮即可。创建完成之后可以在 Issue 管理页面找到刚才创建的 Issue 记录进行修改，如图 8.54 所示，在此页面中可以查看 Issue 被操作的日志、对 Issue 添加评论，以及修改 Issue 的状态等。

图8.54 修改Issue

除了上面提到的关于 Issue 的基本操作之外，还提供了一个体验非常好的 Issue 管理页面。单击图 8.55 页面中方框内的"看板"标签，显示如图 8.56 所示的页面，在此页面中可以进行 Issue 的拖拽，操作更加方便。

图8.55 "看板"标签页

图8.56 看板

本章总结

- 使用 Jenkins 整合 Sonar 可以对项目代码的规范性进行整体的宏观把控。
- JMeter 是一款轻量级的高并发压力测试工具,使用 JMeter 可以对微服务系统中的接口进行多维度的测试,得出系统的性能指数,分析降低系统性能的因素。
- Issue 的使用非常简单,无需安装部署任何软件,只需要有一个 GitHub 或者码云的账号即可。

本章作业

1. 使用 JMeter 对大觅网的下单接口进行压力测试。
2. 使用 Issue 记录 Bug,并对 Bug 进行修改和删除。